季风讲圣贤家训

季风 ◎ 著

广东旅游出版社
中国·广州

图书在版编目（CIP）数据

季风讲圣贤家训 / 季风著. —广州：广东旅游出版社，2019.11
ISBN 978-7-5570-1997-6

Ⅰ.①季… Ⅱ.①季… Ⅲ.①家庭道德－中国－古代 Ⅳ.① B823.1

中国版本图书馆 CIP 数据核字（2019）第 174003 号

出 版 人：刘志松
责任编辑：官　顺　于子涵

季风讲圣贤家训
JIFENG JIANG SHENGXIAN JIAXUN

广东旅游出版社出版发行
地址：广州市越秀区环市东路 338 号银政大厦西楼 12 层
邮编：510060
电话：020-87347732
印刷：天津文林印务有限公司
（地址：天津市宝坻区新开口镇产业功能区天通路南侧 21 号）
开本：880 毫米 ×1230 毫米　1/32
字数：140 千字
印张：7
版次：2019 年 11 月第 1 版
印次：2019 年 11 月第 1 次印刷
定价：42.00 元

【版权所有 侵权必究】

本书如有错页倒装等质量问题，请直接与印刷厂联系换书

目录
Contents

前言 ... 1

第一章 / 诸葛亮家训：恭诚勤勉，静以修身

历览前贤国与家，成由勤俭败由奢 ... 003

非淡泊无以明志，非宁静无以致远 ... 006

慕先贤，绝情欲，弃凝滞 ... 010

何以承其知遇恩，惟一勤字报吾君 ... 014

好学，谦学，而后博学 ... 017

第二章 / 颜之推家训：勉学治家，忠君爱国

以自身之过失，勉后代之学问 ... 023

何以治家？箪食瓢饮，节俭而不吝啬矣 ... 028

教子当循：趁早，疏远，拘礼，重气节 ... 033

声名之源——但求礼义仁德之道 ... 037

风烈懔然，长兄如父颜之仪 ... 043

青出于蓝，驰骋庙堂颜师古 ... *047*

一门烈士三十人，不辱谥号"文忠" ... *052*

第三章/谢安家训：雅道相传，硕学通儒

处变不惊真君子，生死之间现从容 ... *059*

"硕儒称""柳絮才"，谢氏学风誉江左 ... *063*

治家之略：言传身教，赏游聚会 ... *066*

第四章/范仲淹家训：先忧后乐，清正廉明

拜官赠母情谊切，未及上任思还乡 ... *071*

当政：建学府，聘名士，精贡举，纳贤良 ... *076*

以收成比俸禄，以恩赏惠穷苦，以清廉核官吏 ... *081*

先天下之忧而忧，后天下之乐而乐 ... *085*

一朝入仕三十载，范家义庄八百年 ... *089*

勤俭贤良：布衣宰相范纯仁 ... *093*

第五章/欧阳修家训：尊崇孝悌，学贵以恒

立身，立功，以显父母 ... *101*

重资财，薄父母，不成人子 ... *103*

以荻为笔沙为纸，苦学抄书继遗志 ... *105*

祭而丰，不如养之薄也 ... *107*

第六章 / 包拯家训：清心治本，直道谋身

有犯赃滥者，不得放归本家 ... 111

但行无愧之举，不畏强权压身 ... 115

见富贵而生谄容者，最可耻 ... 118

一曰正直，二曰刚克，三曰柔克 ... 121

忠孝节义：三代绵延惠后人 ... 124

第七章 / 苏洵家训：读书正业，重德修身

二十七，始发奋：一鸣惊人天下知 ... 129

年轻气盛出傲气，政坛沉浮塑傲骨 ... 133

二苏合力：一为生民立命，二为社稷立心 ... 137

淡泊偏远仕途路，乐享无味粗糙食 ... 143

水调歌头：兄弟亲和传佳话 ... 147

第八章 / 朱熹家训：宽仁济世，忠孝治家

见老者敬之，见幼者爱之 ... 153

仇者以义解之，怨者以直报之 ... 157

淡名利，忠君国，驱弊政，修正身 ... 160

慈、教、孝、友、恭、柔：治家之准则 ... 163

第九章/张英家训：厚德载物，敬慎谦和

张英"让路"：墙下有尺度，内里有乾坤 ... *169*

节俭中济贫，节欲中养生 ... *175*

才能过人张廷玉，配享太庙耀祖先 ... *180*

张廷玉的为官之道：树大注意避风 ... *184*

桐花万里，雏凤清声 ... *188*

第十章/曾国藩家训：内外兼修，立人达人

百折不挠，宠辱不惊，取舍有致 ... *195*

败人两字，非傲即惰 ... *198*

不期科举走仕途，不可一日不读书 ... *201*

严父训"三节"，恩师建自省 ... *204*

何以保家？当以升官发财为耻 ... *206*

立志先立人，立人先立学，立学先修身 ... *209*

前言
Preface

家庭，是华夏文明传承的基本单位。俗话说"国有国法，家有家规"，在古圣先贤看来，家是国家的基础，治家与治国的道理是相通的。儒家讲究"修身、齐家、治国、平天下"，正所谓"心正而后身修，身修而后家齐，家齐而后国治，国治而后天下平"，一个人如果不能治家，那么他定然难以治国。

而家训家风则是中华文化流传后世的重要一环，也是一个家族文化的灵魂。家训是治家的仪轨，也是修身的准则；家风则是将家族内部连接起来的一根绳，是营造家族文化的土壤。它们蕴含着长辈对子孙后代的谆谆教诲，寄托着长辈的殷殷期盼。

中国的家训有着三千多年的历史，如同一颗璀璨的宝石，历经沧海桑田，在华夏文明的长河之中熠熠生辉。我们在故纸堆的斑驳墨香中，追随着古代先贤留下的家训，学习其精华，领会其精髓，使这些思想可以随着时代的发展一直前行。

家训起源于三皇五帝时期，它支撑着名门望族兴旺昌盛，也渗透于平民百姓寻常生活。作者往往是当时社会上很有影响力的文化名人或朝中重臣，也因为这样，这些家训不仅对于家族内部具有教化作用，也为全社会教育做出了相应贡献，同时也给普通家庭树立了良好的榜样。

秦汉以后，"罢黜百家，独尊儒术"，封建礼教渐渐得到重视，而"家训"这个概念也在这一时期基本形成。东汉末年到隋朝这段时期，战乱不断，朝代更迭，对子弟的教育主要依靠家庭，仕宦家训体系也由此形成。

三国时期政治家诸葛亮写给儿子诸葛瞻的《诫子书》，全文智慧理性、简练谨严，将普天下为人父者的爱子之情表达得淋漓尽致，成为后世历代学子修身立志的名篇。

开"家训"之先河的《颜氏家训》由颜之推所创，被后世誉为家教的典范，其宗旨是以德立家和以德传家。颜氏家族的后代子孙无不重视才学和德行，他们为其家族和后人留下了极其宝贵的精神遗产，千百年来一直都发挥着重要作用。隋唐时期的颜师古、颜真卿、颜杲卿等颜氏后代，都在历史的长河里写下了浓重的一笔。这些人才的出现，也使得颜氏家族的地位不断上升，逐渐成为封建社会中最为显赫的世家之一。

"东晋四大家族"之一的谢家原本并不显赫，其发展壮大是从谢安开始的，而谢安之后，谢家也陆续出了谢玄、谢灵运、谢朓等名人，于是谢家成为与琅琊王氏相齐名的江左望族。"山阴道上桂花初，王谢风流满晋书"，描写的就是当年王谢两家的风光。而谢氏家族中世代相传的《谢氏家训》给谢家的子孙提供了行为的准则，也为他们指明了人生道路上的前进方向。

宋朝经济发达，文化繁荣，可以说是一个人才辈出的时代。北宋名臣范仲淹，一篇《岳阳楼记》揭示了他崇高的思想境界——"先天下之忧而忧，后天下之乐而乐"。范仲淹一生心怀百姓，为天下苍生而操劳，"不以物喜，不以己悲"。他每到一处都要开办学校带动当地教育，开办义庄福泽子孙后代。他的《家训百字铭》文字朴实无华，但内容却足以让范氏家族的子孙后代受用一辈子。

"唐宋八大家"之一的欧阳修开创了新一代的文风，是北宋文坛当之无愧的领袖人物。他在家训《诲学说》里说道："玉不琢，不成器；人不学，不知道。"以玉喻人，以此来告诫子孙后代要努力学习，提高自身修养。

人称"包青天"的包拯，断狱英明，铁面无私，他的《包拯家训》也深刻地体现了这一点："后世子孙仕宦，有犯赃滥者，不得归本家；亡殁之后，不得葬于大茔之中。不从吾志，非吾子孙。"他的家训也像他本人一样，透露着一股凛然正气。

苏洵和儿子苏轼、苏辙是中国文坛的典范。所谓"虎父无犬子"，父子三人皆在历史的道路上留下了深深的足迹：有苏洵"泰山崩于前而色不变"的泰然自若；也有苏轼"会挽雕弓如满月，西北望，射天狼"的洒脱豪迈；还有苏辙"去年东武今夕，明月不胜愁"的真挚思念。苏洵所著的《安乐铭》字字落到实处，是传家必备经典，给苏氏家族子孙带来了无穷的帮助。

南宋中期，封建统治腐朽，纲常破坏，道德沦丧。朱熹弘扬理学，重整道德规范和纲常伦理，《朱熹家训》应时而作。朱熹倡导家庭和睦，倡导人际和谐。在他看来无论是世家贵族还是平民百姓，无论身处何种地位，都要履行自己的义务。寥寥几百字的《朱熹家训》从个人修养到民族文明，其立意之高深，令人叹服。

风云变幻，朝代更迭，一转眼就到了清朝。清朝撰写家训的风气很浓，这不仅体现在数量上，也体现在内容和形式上。张英为官三十余年，康熙皇帝曾经赐给他"笃素堂"的匾额，以嘉奖张英志向专一。张英的治家修身立品之道为世人所称颂，他的家训《聪训斋语》文笔简练，但读起来却意味深长。他以长者的身份向后代子孙讲述了自己一生的经历和经验教训，发人深省。张英的家族人才辈出，他与他的儿子张廷玉"父子双学士，老少二丞相"成为中国历史上的美谈。

清朝后期，家训逐渐衰落，但是在这其中，曾国藩的家训却格外引人注目。晚清第一名臣曾国藩，作为一个成就了大事业的政治家，一生的生活却极其简朴。他反对奢华，曾"以廉率属，以俭持家，誓不以军中一钱寄家用"。他留下的家训，是他一生的活动以及思想反映，对其后代子孙影响深远。曾家的子孙一直恪守祖训，洁身自好，实现了曾氏家族的先祖对家族"长盛不衰，代有人才"的期盼。

纵观古今，一个家族如果有着良好的家风，便更有可能走上兴旺之路。这些古圣先贤所留下来的家训给我们带来了谆谆教诲，也令我们感受到了一股浩然正气。"读书志在圣贤，为官心存君国"，这正是我们要牢记的，而这种高尚的情操也时刻激励着世人。

家训、家风之中沉淀着丰富而又厚重的智慧，是我们应当深入研究、挖掘的文化宝藏。也正是由于它们的存在，才使得一个人、一个家族，乃至整个国家都拥有了灵魂，使得我们的华夏文明亘古长青。

生活就如同一望无际的海洋，有的时候风平浪静，有的时候巨浪滔天，神秘而又充满未知。多读书，读一本好书，修身立心，如此在面对挑战之际，方能从容不迫。

第一章 诸葛亮家训：恭诚勤勉，静以修身

夫君子之行，静以修身，俭以养德。非澹泊无以明志，非宁静无以致远。夫学须静也，才须学也，非学无以广才，非志无以成学。慆慢则不能励精，险躁则不能治性。年与时驰，意与日去，遂成枯落，多不接世，悲守穷庐，将复何及！

——《诫子书》

夫志当存高远，慕先贤，绝情欲，弃凝滞，使庶几之志，揭然有所存，恻然有所感；忍屈伸，去细碎，广咨问，除嫌吝，虽有淹留，何损于美趣，何患于不济。若志不强毅，意不慷慨，徒碌碌滞于俗，默默束于情，永窜伏于凡庸，不免于下流矣！

——《诫外甥书》

诸葛家族世代居于山东琅琊地区。从西汉第一代始祖诸葛丰开始，诸葛家族一直以博学多智、勤勉好学、上忠君主、淡泊名利、心存高志的家风闻名于世，到诸葛亮、诸葛瑾这一代更是达到了巅峰。诸葛亮是千古名相，他用自己的文韬武略和聪明才智为蜀汉鞠躬尽瘁，是家族传承的家风遗训的忠实传承者。

同时，诸葛亮、诸葛瑾为了自己的后人也是殚精竭虑，并竭尽全力将诸葛家的家风传扬了下去。诸葛亮为自己的子侄后辈写了仅百余字的《诫子书》和《诫外甥书》，其中道尽了他对后代子孙的殷殷训诫。

历览前贤国与家，成由勤俭败由奢

诸葛家族传承至诸葛亮父亲这一代一直是名副其实的官宦人家，但是他的祖辈早就教导过后代子孙，让他们记得无论以后家族如何繁荣，都不要忘记勤劳节俭，这样家族才能更久远地存在。

到了诸葛亮父亲这一代，诸葛家族逐渐没落。诸葛亮的父亲诸葛珪，虽然也在朝廷为官，但是在诸葛亮8岁的时候他去世了，而诸葛亮3岁丧母，父亲去世后，生活境遇可想而知。于是，他只能与最小的弟弟诸葛均一起跟随时任太守的叔父诸葛玄生活。不幸的是，诸葛玄没多久就被免职了，这下诸葛亮一家的生活便没有了着落，不得已，诸葛玄只能带着他们兄弟二人投奔好友刘表。

没过多久，叔父诸葛玄也去世了，诸葛亮兄弟二人唯有相依为命，他们为了生活就在隆中盖了茅屋，耕种田地以求温饱。虽然父辈去世得早，但是他们都对诸葛亮兄弟进行过家族的教育，生活的艰辛也使得诸葛亮更加明白先辈们所教导的节俭持家的美德，就算他以后官至丞相，也没有改变自己勤俭节约的习惯。

诸葛亮在成长的过程中读过很多历史书籍，从中了解了丰富多彩的先贤文化，也对历史上的国家兴衰更替和名门望族的衰落原因进行了总结，明白无论是国家还是名门望族，能够走向成功的一个重要原因就是因为祖辈在生活上勤俭节约，而失败则是因为后代子孙抛弃先辈的勤俭美德，生活变得奢华无度。因此诸葛亮在对后代子孙的教导中，要求他们要如先辈们一样亲自耕种、勤俭持家，并将其作为一个家族能够长长久久传承下去的经营准则。

诸葛亮娶妻以后，一家人仍旧过着亲自耕种、勤俭节约的生活。后来，诸葛亮为蜀汉鞠躬尽瘁常年在外，妻子就留在家中教导儿子诸葛瞻，将诸葛家族的家训讲给诸葛瞻听，希望他从孩童起就深刻领会诸葛家族的勤俭家训。她带着诸葛瞻在院前院后亲自栽种桑树八百株，让诸葛瞻能够亲身体会衣食住行的不易，明白生活劳作的重要意义，从而更加珍惜当下的生活。

诸葛亮46岁时才有了儿子诸葛瞻，自然爱若珍宝。他发现诸葛瞻很是聪慧，高兴之余却也常怀隐忧，担心因为分隔两地而无法更好地教导儿子。他曾经给诸葛瞻写过多封信件，其中一封信中写道："夫君子之行，静以修身，俭以养德。"希望儿子不断提升自身修养，成为有才德的仁人志士。

诸葛亮去世后，司马家族取代曹魏建立晋朝，后统一天下。晋朝皇帝为了表示自己对曾经三国名士后代的礼遇，就下诏给诸葛亮幼子诸葛怀封爵，并请他赴洛阳任职。诸葛怀推辞说生活可以自给，无才干补国，愿终老于家。他的心中放不下母亲曾经种植的那八百株桑树以及与母亲一起亲自开垦的田亩。在诸葛怀看来，勤俭节约的家风足以让他过上自给自足、衣食无忧的生活，而富贵与功名却不是自己要追求的东西。

非淡泊无以明志,非宁静无以致远

诸葛家族自始祖诸葛丰开始就一直秉持淡泊名利又心存高志的品质,诸葛亮继承先祖遗志,将"非淡泊无以明志,非宁静无以致远"写入了《诫子书》之中,以勉励后代。

诸葛亮的哥哥诸葛瑾以为人风雅闻名于世,这风雅便体现在他的淡泊名利上。当年父亲去世,兄弟们跟随叔父离开后,他自己避乱到了江东,之后就在东吴孙权手下为官。诸葛瑾任职时并没有因为自己才学出众而言行狂妄,反而更加谨慎小心。孙权曾希望诸葛瑾能够说服他的弟弟诸葛亮来东吴做官,但是诸葛瑾并没有答应孙权,而是告诉他,诸葛亮不到东吴来正如他不前往蜀国是一样的原因。诸葛瑾并没有为了自己在东吴的权势能够更上一层楼而答应孙权的要求,反是给出了一个非常精彩的婉转拒绝。他知道弟弟诸葛亮并不看重名声和权势,而是希望在明主面前施展才华。他也明白人各有志,因此不会做出令两兄弟为难的事情。

自叔父去世,诸葛亮带着弟弟在隆中耕作生活12年,直到他被刘备请出茅屋。在躬耕的12年中,曾有不少主君欣赏诸葛亮的才华而想请他出山，但是诸葛亮全部拒绝了，他可以出山，但前提是心中的那位主公出现。

诸葛亮之所以有这样的表现，是因为他心中已经有了一个目标或者说是一个更加高远的志向，而在行动之前，他要选择一条最为合适的"路"。诸葛亮自比"管乐"：文能如管仲，武能如乐毅。他希望自己在将来也能如管仲、乐毅一般得到主公的重视，辅佐其建立一番功业，使自己可以淋漓尽致地施展才华，而不是深陷权势之争去钩心斗角。

当时，曹操、孙权以及袁绍等人的身边已经有了大批谋士和武将，若是此时投靠，诸葛亮的文韬武略根本没有完全施展的空间。即便一些主君钦慕诸葛亮的才华，并承诺了诸多优待，他也没有因为这些功名利禄而放弃自己最初的志向。

诸葛亮将一切送到眼前的荣华富贵全部淡然拒绝，不为这些利禄改变心志，直到刘备出现。当时的刘备，并没有属于自己的势力，除了自己的两个结义兄弟，其他的所有都要依靠荆州的刘表。刘备三顾茅庐请出诸葛亮的时候可谓是一穷二白，而诸葛亮之所以会选择刘备，便是因为追随刘备的他能够实现自己的志向，能够使自己像管仲一样为刘备成就霸业，也可以如乐毅一般帮助刘备攻城略地，施展自己的文武才干。事实证明，诸葛亮选对了人，他为刘备这个实力薄弱的后起之秀赢得了与强者比肩而立的地位，促成了三国鼎立的局面。

诸葛亮一生的志向是非常明确的，那就是做一个能够辅佐君上开国立国的允文允武的能臣。刘备托孤之时，曾对诸葛亮说:"若嗣子可辅,辅之;如其不才,君可自取。"授意诸葛亮若刘禅有治国之能,便可尽心辅佐;若他不堪重任,诸葛亮可取而代之。因此,刘备逝世之后,也曾有人示意诸葛亮"废帝称王"。天下谁人不想做皇帝?可惜面对这样的诱惑,诸葛亮断然拒绝了,他的忠心只给汉家天下,他的野心只为实现志向。因此,只一心一意地辅佐新帝,就如他之前能够甘于平凡只为等待一个明主实现自己的抱负一样。

诸葛亮的族弟诸葛诞在曹魏做官,为曹丕效力,对曹魏王朝忠心耿耿。后来司马氏一族意图谋反,曾经派人到诸葛诞所驻守的地方诱劝他,但是诸葛诞没有同意,并反问来人:司马家族世代受曹魏恩惠,如何因为他人一点儿利禄就背叛主公?并表示自己会为曹魏王朝竭尽忠节。诸葛诞在面对谋逆之臣威逼利诱的时候,没有改变自己对曹魏王朝的忠心志向,最后城破被杀。

诸葛亮官拜丞相之后,生活还是一如既往的节俭简朴,他全部的精力都放在了为刘备守护江山上,对于功名利禄没有半点渴望。诸葛亮临终之前写给蜀汉皇帝刘禅的遗表上详细记录了家中所有的财产,为官二十七载,并没有多拿国家的一厘一毫。

诸葛亮的儿子诸葛瞻自幼聪慧过人,诸葛亮担心他因为太过聪慧而导致自己或主动或被有心人利用走上邪路,便给儿子写了数封家书,信中多次教导诸葛瞻要看淡名利,要坚守自己的心志,时刻牢记心中的志向,在实现自己的理想之前,不管是贫困还是荣华都不能动摇自己的心志。

后来，曹魏军队攻打蜀国，诸葛瞻驻守绵竹，魏国的统帅在下令攻打城池之前曾经派人送信给诸葛瞻，并许他"若降者必表为琅琊王"。但是诸葛瞻谨记父亲的教诲，并没有屈从利诱，他奋勇杀敌，最终与不足18岁的长子诸葛尚带着忠君爱国的志向一同战死沙场。

慕先贤，绝情欲，弃凝滞

诸葛家族的先祖诸葛丰是一个高风亮节、忠君爱民之人。诸葛丰所处的时代外戚当道，为官期间，他将个人私欲置之度外，以整肃朝纲、匡扶社稷为己任，不顾一切与当时的外戚权贵作斗争。诸葛丰官拜司隶校尉，担任监察职责，可谓位高权重。为了惩治那些在朝为官却不为百姓做主的贪官污吏，诸葛丰雷厉风行，为此不惜丢掉官职。他曾经给汉元帝上过一封奏折，表明自己为了能够惩处奸佞之臣即便丢掉性命也心甘情愿。

当时，侍中许章非常受汉元帝厚爱。因为有皇帝做靠山，许章骄奢淫逸，根本不把国家的法律制度当一回事，反正他犯了事只要去皇帝那里求一求情，皇帝就会原谅他，其他官员也只会当作什么也没发生过。可是诸葛丰不以为然，他私下里收集关于许章作奸犯科的罪证，等证据收集齐了，他就向皇帝上奏折揭发许章，可皇帝根本不理睬。之后，诸葛丰将许章的所有罪行都罗列在奏章上，让皇帝过目，想让皇帝惩处许章，皇帝没有同意，并且非常生气地收了诸葛丰手中的符节（古代朝廷传达命令、征调兵将的凭证）。最后诸葛丰因为刚正不阿得罪人，被落井下石，在皇帝面前一而再再而三地被诋毁，最终被贬官。

诸葛丰被贬官之后还坚守着自己一贯的信念，发现有高官违法犯纪，还是会毫不犹豫地向皇帝上书揭发，最终被罢去官职。诸葛丰在为官的时候从没有想过为了保住官位而向权贵低头，他宁肯丢了官职也决不妥协，抛弃私欲只为志向，面对阻拦绝不停下脚步。这样的家族家风就此被诸葛家传承了下来。

诸葛亮在蜀汉为相的时候，可以说是一人独掌权柄，而且他本人在蜀汉的声望也非常高，只要他想，他就可以龙袍加身取代旧主成为一国之君，但是诸葛亮并没有这么做，而是尽自己的全力辅佐着蜀汉两代君主，就算在弥留之际，也还在为刘禅引荐能够辅佐他的能臣。这是诸葛家族不为私欲所感，只为心中志向的家风使然。

诸葛亮有两个姐姐，一个嫁给了庞德公之子庞山民，另一个嫁给了中庐县的蒯祺。诸葛亮二姐生的儿子名叫庞涣。庞涣，字世文，是庞统的侄子。诸葛亮十分喜爱这个外甥，曾写下《诫外甥书》赠予他，教导他立志、修身、成才的方法。《诫外甥书》全文如下：

"夫志当存高远，慕先贤，绝情欲，弃凝滞，使庶几之志，揭然有所存，恻然有所感；忍屈伸，去细碎，广咨问，除嫌吝，虽有淹留，何损于美趣，何患于不济。若志不强毅，意不慷慨，徒碌碌滞于俗，默默束于情，永窜伏于凡庸，不免于下流矣！"

诸葛亮教导庞涣要树立远大的理想，控制情欲，摒除心中的俗念，要效仿和追慕先贤，要像圣贤一样拥有高尚和远大的志向，并让这种崇高的志向使自己的内心震动，指引自己不断前进。同时他还教导庞涣既要能适应顺境，又要能适应逆境；既能摆脱琐事的烦扰，又能摆脱感情的纠缠。要多多向人请教，避免怨天尤人的情绪。诸葛亮认为只要庞涣能做到这些，即使事业上不能暂时向前，也会拥有高尚的情趣，只要持之以恒，距离事业上的成功便不远了。在诸葛亮看来，一个人若没有坚毅的志向和开阔的思想，只是沉溺在世俗私情之中，终日碌碌无为，永远和平庸人群混在一起，那么他必定会成为没有教养和出息的人，只会沦落到社会的底层。

诸葛亮写给儿子的《诫子书》强调的是修身和学习，而这篇《诫外甥书》则强调的是立志和做人。他开篇就直奔主题，强调做人要志存高远，而这也是成功的先决条件。毋庸置疑，人无大志，必无大为。接着，诸葛亮就如何做到"志存高远"进行了正反两个方面的论述。他首先指出的是要"慕先贤，绝情欲，弃凝滞，使庶几之志，揭然有所存，恻然有所感"。诸葛亮认为立志首先要做的是"慕先贤"，即要以古圣先贤为榜样，向他们看齐，向他们学习。好的榜样是人指路的明灯，能使人奋发向上，不断前进；而坏的榜样往往会把人拖入深渊，以致万劫不复，这就是榜样的力量！"见贤思齐，见不贤而内省"，为自己树立一个好的榜样，就能使自己获得源源不断的正能量。

"绝情欲"就是断绝情欲。诸葛亮希望外甥庞涣能在血气方刚的年龄不沉湎于爱欲。诸葛亮要庞涣"弃凝滞"就是要让他不要被那些无关痛痒的繁杂琐事所困扰,不能被小事消磨意志,而应去做真正有为之事。站得高,才能看得远,不被琐事牵绊,努力跳出狭小的圈子,才能提升人生的境界,也才能做到志存高远。此三点无论何时何地、顺境逆境都要铭记于心。

有了立志的理论,还要有实践志向的措施,即"忍屈伸,去细碎,广咨问,除嫌吝,虽有淹留,何损于美趣,何患于不济"。诸葛亮认为一个人若能做到能屈能伸,摒弃杂念,虚心学习和广泛听取别人的意见;做到心胸开阔、不计较一时的得失,那么即使他暂时得不到别人的认可,早晚也会成功。

最后,诸葛亮又从反面教育庞涣,告诫他若没有坚强的意志和广阔的思想,就会在世俗中随波逐流,最终沦落到社会的底层,平庸一生。

尽管诸葛亮的这篇家书内容很短,但用情至深,具有丰富的内涵和指导意义。作为青年,就要志存高远,树立远大的目标,战胜一切艰难险阻,去实现自己远大的理想和抱负。否则,只会随波逐流,沦为平庸、"下流"之人。

何以承其知遇恩，惟一勤字报吾君

诸葛丰教导后代辅佐君主的家训通过子孙们一代一代传承，尤其到诸葛亮这里更是发扬光大。诸葛亮拜见水镜先生时，水镜先生出了一个哑谜：他屈起食指，伸到诸葛亮面前，又点了点。诸葛亮向水镜先生深深一鞠躬，又后退三步，站在一边解释道：你要我做首屈一指的大官，我当鞠躬尽瘁，死而后已。当诸葛亮在隆中被刘备请出山后，便开始为刘备兢兢业业，从未有过一刻松懈。"士为知己者死"这句话算得上是诸葛亮一生的追求，为了主公，他不辞辛劳地护卫蜀国，在刘备死后又辅佐幼主刘禅直到病故为止。

刘备是诸葛亮苦等了12年的"伯乐"，"三顾茅庐"也成为佳话。即便当时的刘备一无所有，诸葛亮如他的先辈们一样，认准了君主就勤恳地为他做事，没有一丝一毫的犹豫和左顾右盼，只是唯恐自己做得还不够好。他忠心耿耿地跟随和辅佐刘备，发挥自己的聪明才智，通过自己的文韬武略成功地在赤壁击败南征的曹操，从而使得魏蜀吴三国鼎立的局面确立下来。

诸葛亮为了报答刘备的知遇之恩，在建立蜀国的霸业上投入了全部的心血，他首先颁布各种政令促进经济发展，例如，把原本只有蜀国才拥有的蜀锦推销至他国，使蜀锦成为贵重的畅销货品，为蜀国赢得了高效、快速的经济来源。蜀国靠近黔南，那里生活着许多少数民族，这些少数民族自古以来就不愿意服从中原王朝的统治，更何况当时统一的王朝已经灭亡，他们怎么甘心听命于刚刚建立的蜀国呢？为了替主公分忧，诸葛亮点兵南征，"七擒孟获"的历史故事名传千古。

诸葛亮在政治、军事、经济方面总揽一切，为刘备的江山稳固立下了汗马功劳。刘备因病去世，临终前将长子刘禅托付给诸葛亮，诸葛亮接过了辅佐幼主的重担。但刘禅没有多少才干，每日只会吃喝玩乐，无法胜任君主之责。于是诸葛亮便更加勤勉，接过了所有的政务担子。甚至在北伐失败后，诸葛亮虽自贬三级，依然秉承丞相之责处理政务。诸葛亮觉得只有这样勤勉效忠才能报答刘备的信任之情，即便积劳成疾也在所不惜。

刘备去世后，蜀国曾出现不安定的情况，诸葛亮为了让新任的主公刘禅没有后顾之忧，先是点兵南征解决了南部少数民族的叛乱，后来又积极准备对曹魏的北伐工作。在北伐之前，诸葛亮写下了名留青史的《出师表》，他明确指出自己对于先主刘备知遇之恩的感激与报答之情。在南征北伐的过程中诸葛亮也没有放下国家的政务，依旧在军队的大营里每日处理来自国都的各种奏折，真正做到了为整个蜀国"鞠躬尽瘁，死而后已"，也延续了先祖所教导的家族训诫。

北伐战争并不顺利,诸葛亮接连五次征伐曹魏,可是一次都没有成功。在最后一次北伐中,诸葛亮因为常年的忧思过度,积劳成疾,导致身患重疾,病情恶化。即便病入膏肓,诸葛亮也没有放下蜀国和主公刘禅,他安排了蒋琬、费祎、董允、姜维四人以保蜀国未来二十年的安危。

诸葛亮将自己曾经年少时给水镜先生的答案发挥到了极致,生前勤政报国,死前也不忘为国家的未来做打算,用自己的一生报答了主公刘备的恩情。

好学，谦学，而后博学

博学是诸葛家族世代相传的家风。西汉诸葛丰酷爱学习，深得儒家经典的精髓。在西汉没有科举制的情况下，诸葛丰以明经闻名于山东一带，同时也因为精通明经而被郡守推举做官。他刻苦读书的精神为当时的琅琊诸葛氏赢得了博学的美誉。

诸葛丰不仅博学也好学，为人也并不迂腐。他在通读儒家经典的同时也在涉猎其他各种不同的学问，如他与西汉时期以精通《公羊春秋》而闻名天下的贡禹结为好友，从他那里学到了"公羊学派"的学说，而且还通过贡禹认识了很多"公羊学派"的大家学者。

诸葛丰还接受和学习《易经》的相关思想，甚至将黄老思想杂糅到自己的思想中，可谓是博采众家之长。诸葛丰不止博学，还很有才华，因明经被举荐官拜光禄大夫，离开朝堂之后便将自己博学的家族风气传给了后世子孙，希望他们能够如自己一般博学而有才干，能为国家繁荣做出贡献。

后世子孙诸葛珪、诸葛玄谨遵博学的家训。其中诸葛亮的亲叔叔诸葛玄是东汉末年非常有名的文人，他博学多才，曾经在荆州刘表的手下做属吏,并且叔代父职将诸葛家博学的家风教导给了诸葛珪的儿子们,即诸葛瑾、诸葛亮以及诸葛均三人。

诸葛瑾经过父亲、叔叔的相继教导,养成了好学的习惯。他为了能够学到更多的知识,除了在自己年少生活的老家私塾内学习,还长途跋涉到外地求学。当时交通不便,又因为正处东汉末年,流民四处逃窜,路途上可能会有很多穷凶极恶之人,在没有武力保护的情况下很容易丢掉性命,但是诸葛瑾并未惧怕。在这种好学精神下,诸葛瑾很快成长为博学之士,之后前往东吴,成为孙权的谋士,更在之后成为东吴的重臣。

诸葛亮的博学多才一直被后人津津乐道。起初,诸葛亮同他的哥哥一样在家乡的私塾内读书,父亲去世之后,他便跟随叔叔在荆州的私塾内完成了学业。除了在私塾里学习,他还四处拜访大家名士,学习更加深奥广博的知识,因此也留下了非常多关于他拜访名师的历史故事。例如诸葛亮还没有跟随刘备打江山的时候,他经常会到庞德公那里求教学习,每回都会跪在庞德公的榻前聆听老师讲学,还认识了很多和他一样博学多智的人,他们对那个战乱纷争的年代抒发着自己的见解,彼此在争辩和讨论中增长着见闻。

诸葛亮不只向才高八斗品德高尚的名士求学,还曾向老农夫学习关于天象的知识。年少时诸葛亮在隆中耕种田地,他不是一开始就精通农事,也曾经犯过错误。据说某一年,麦子熟了,他便早起拿着镰刀到田中收割麦子,没割一会儿,就有一个老农夫走过来阻止他,告诉他等一会儿就会大雨倾盆,如果诸葛亮将麦子收割完毕又来不及捆走，很容易被雨水冲走，那样他一年的劳作就白费了。可是诸葛亮自认为已经很懂农事学问了，而且认为一个老农夫又不识字怎么会知道的比自己还多，所以就把老农夫的提醒当作玩笑，继续埋头割麦子。老农夫看到诸葛亮并没有听从自己的建议，反而是更加快速地收割麦子，他摇了摇头不想管这个不听劝的年轻人，可是他抬头看看天空，又看看在田中干得热火朝天的诸葛亮，只能无奈地帮他把割下的麦子捆好并搬运到高处，以防下雨之后被冲走。

诸葛亮看到老农夫的作为后不知道要说什么，一方面觉得对方是个好人，一方面又觉得他说的不对，可是也阻止不了老农夫，于是诸葛亮低下头继续割麦。就在这个时候，天边狂风大作，黑云压顶，还没等诸葛亮反应过来，大雨倾盆而下，将诸葛亮割下来尚没来得及捆好放到高处的麦子全部冲走了。诸葛亮这才幡然悔悟，向老农夫深深鞠了一躬，请他原谅自己的无知，并希望老农夫教导自己看天象的本事。由此，我们可以看到诸葛亮虚心求教的精神，只要对方拥有自己所没有的知识便都可以成为他的老师。诸葛亮这种好学精神使得本就博学多才的他更加出类拔萃，博采众长的他对儒、道、释、法、兵几家都有涉猎，并写了一篇《论诸子》。

诸葛家族的博学家风不止在诸葛亮这里发扬光大，还在他的子侄中得到了传承。他的侄子诸葛恪就是一个非常聪颖的人。诸葛瑾在东吴为孙权所重用，但是孙权多疑，在重用的同时也对诸葛瑾产生了猜忌。诸葛瑾的脸长得有些长，一次宴会上，孙权和东吴的群臣喝得都很尽兴，酒过三巡之后，孙权叫人牵来一头驴，并且驴脸上挂上写了"诸葛子瑜"四个字的牌子。这是在拿诸葛瑾开玩笑，同时想看看诸葛瑾的儿子诸葛恪会有什么反应，间接地考考他。就在所有人都不知道要怎么办的时候，诸葛恪对孙权说，希望在这四个字的下面再多写上两个字，孙权当场就同意了，诸葛恪就用毛笔写了"之驴"两个字，变成了"诸葛子瑜之驴"，使一场尴尬得到化解，既保全了父亲的脸面，又没有得罪孙权。由此可以看出诸葛恪也是一个非常聪明的人，而这般的才思敏捷正是其多年来刻苦读书的结果。

第二章
颜之推家训：勉学治家，忠君爱国

颜之推，字介，琅邪临沂人，著名的文学家、教育家。颜之推生活在南北朝至隋朝这段时期，当时社会动荡，战争频繁，人民生活苦不堪言。颜之推"三经亡国之事"，身仕四朝，他叹息自己"三为亡国之人"，却能一直保持家业不坠，这种立身处世之道值得后人借鉴学习。

颜之推颇有影响力的著作是《颜氏家训》。《颜氏家训》七卷，共有二十篇，包括治家、教子、养生、音辞、勉学等方面，言辞平易近人，语言生动，智慧朴实，文化内容丰富，将自己一生所得的体验和感悟娓娓道来。他将儒家的精神落实为具体的行为规范，使之变得有可操作性，被世代颜氏子孙谨守奉行。历代的统治者也十分推崇《颜氏家训》，认为"古今家训，以此为祖"。

《颜氏家训》不仅在道德修养和家庭教育方面有着重要的意义，也对研究南北朝的历史文化风物有着重要的价值，更是对其子孙后代产生了深远的影响，像为《汉书》做注的颜师古、"楷书四大家"之一的颜真卿等人，他们都在历史的长河中留下了不可磨灭的印记。

以自身之过失，勉后代之学问

颜之推的家风家教一直都很严整周密，颜之推很小的时候，就接受了这方面的启蒙和教导。颜之推跟随他的两位兄长，每天早晚恭敬顺从地侍奉双亲，冬天暖被，夏天扇凉，并养成了做事要遵循规矩、言谈要谨慎、举止要端正、言语要平和、神色要安详、行动要恭敬有礼的习惯。颜之推的父母经常指导和鼓励子女，关心他们的爱好和理想，帮助他们改正身上的缺点，同时还引导他们充分发挥自己的长处。因为言谈恳切，举止恰当，所以其父母的教导和建议很容易被孩子们所接受。

可是好景不长，在颜之推9岁的时候，他的父亲去世了，颜家陷入了困境，就此家道衰落，人口凋零。颜之推的两个哥哥承担起了抚养教育幼弟的责任，两个哥哥对他比较宠溺，管教他的时候也没有那么严厉。颜之推虽然读了《礼记》《左传》，也喜欢写写文章，但是毕竟年少轻狂，玩心又重，时常与一些士族子弟混在一起，耳濡目染之后也沾染了一些当时社会所"流行"的风气。

魏晋南北朝时期，门阀士族的势力逐渐扩大，国家政权逐步落入到他们的手里。士族越来越在意出身和利益，也越来越贪图生活的享乐。于是他们开始拼命掠夺财富，致使斗富炫富之风盛行。士族子弟们在这样富贵安逸的情况下，生活变得越来越奢靡，甚至把披头散发、袒衣酗酒看作是风雅之事。他们常常聚在一起高谈阔论，谈玄之风愈来愈盛。

在这种风气的影响下，颜之推也开始变得说话轻率、不修边幅、举止放荡，甚至还学会了酗酒高歌，毫不重视自身的整洁庄重。还好这种情况没有持续太久，颜之推十八九岁的时候，浸淫在骨子里的对家族的责任感以及从小受到的儒家教育，让他对这些所谓的"风流名士"渐渐失去了兴趣，并且意识到还是读书学习更加有意义。他远离了狐朋狗友，开始磨砺自己的操守和德行。

只不过习惯已成自然，一时间难以改正祛除，直到20岁之后，他才彻底改正过来。这段年少轻狂的经历被颜之推当作时刻鞭策自己的教尺，提醒自己不要再做有违礼法的事，不要再让这些坏毛病在自己的身上重现。而他也将自己的这段经历写在了家训里面，让颜氏的子孙后代不要再犯这样的错误。

颜之推曾经见过这样的情形。有人因为读了十几卷书就骄傲自大，甚至对长辈无理，轻视怠慢，于是大家都非常讨厌他，像厌恶仇敌一样厌恶他。在颜之推看来，先前那些求学的人学习是为了充实自己，让自己通过学习来发现并且弥补自身的不足，但是如今这些求学的人学习却是为了炫耀，只求夸夸其谈；先前那些求学的人学习是为了别人，因为他们要推行自己的主张好造福社会，但是如今求学的人学习是为了自己的需要，因为要通过学习来提高自己的学识水品，这样才可以谋取官职。他说："夫学者，犹种树也，春玩其华，秋登其实。讲论文章，春华也，修身利行，秋实也。"意思就是，学习如同种树一样，春天欣赏它的花朵，秋天收获它所结出的果实。讲述和谈论文章，就像是欣赏春天的花朵一样，而修养自身利于行为的话，就像是摘取秋天的果实。

曾经有人故意刁难颜之推，问他：有的人手持强弓长戟，去诛灭那些坏人，安抚平民百姓，以此来博取公侯爵位；有的人阐释礼仪法度，研究吏道，匡扶时世，富邦强国，以此来博取卿相之位。但是纵观古今，文武双全却没有高官厚禄，导致妻儿挨饿受冻的人比比皆是，这样看来，学习又有什么值得我们重视的呢？

颜之推回答道：一个人的命运是穷困还是显达，就好比木石与金玉。研究学问，就好比雕琢金玉和木石。金玉经过雕琢之后就比矿石、璞玉要美，一块木头、一颗石头，自然比不过雕刻过后的好看。但是又怎么能够说雕刻过后的木头和石块就能胜过没有进行过雕刻的金玉呢？

颜之推看了那人一眼说：所以，不能因为有学问的人家境贫困，就去跟没学问但是家境富裕的人相比较。更何况那些身披铠甲去当兵或者手持毛笔当小官的人，身死名灭的多如牛毛，而脱颖而出的却是少如灵芝仙草。勤奋读书，修身养性，苦心学习却没有收获的人就像是日食那样少见，但是安逸享乐、追名逐利的人却像是秋天的荼花那样多，但是又怎么能将这二者相提并论呢？

那人哑口无言，颜之推接着说：更何况，生下来就能够明白事理的人是天才，通过学习才明白事理的是次一等人。如果一定存在天才的话，那就是那些出类拔萃之人。如果作为将领，他们天生就具备了如同孙武和吴起一般的军事才能；如果作为执政之人，他们天生就获得了管仲和子产那样的政治才能，即便他们不曾读过书，我也要说他们是有学问的。说完，颜之推想了想，又调侃了一句：人要学习是因为想让自己多明白一些道理，您现在懂的还不够多，如果再不去向古人学习好好读书，那就相当于蒙着被子睡觉——什么都不知道了。

听完颜之推的话，那人面露羞愧之色，对颜之推佩服不已。

颜之推的儿子颜思鲁曾经问父亲：我们家没人在朝中为官，家中也没有累积什么财产，我应该努力去干活赚钱以维持家用。可是现在你却督促我念书，致力于经史之学，这让我这个颜家儿郎，怎么能够安心学习呢？

颜之推语重心长地对儿子说：作为儿子固然应该记住供养双亲的责任，但是我作为一个父亲，就更加要督促子女学习，这是教育孩子成长的头等大事。如果你现在放弃学业去赚钱，那么即使可以丰衣足食，我吃饭的时候又怎么会感到香甜呢？

穿起衣服来又怎么会觉得温暖呢？如果你致力于先王之道，继承我们家族世代相传的读书传统，那即使是吃粗茶淡饭，穿麻布衣服，我也很乐意。听完父亲的话，颜思鲁随即露出恍然大悟的表情，更加用功读书。

何以治家？箪食瓢饮，节俭而不吝啬矣

颜之推在《颜氏家训》中写到"世以儒雅为业"，颜氏家族传承的生命力与他们儒雅、忠义、仁孝、勉学的家风是不可分割的。

被后世尊称为"复圣"的颜回就是颜氏子弟。颜回曾经多次向孔子讨教何谓"仁"，孔子告诉他，仁就是遵守礼制，克制自己的欲望，时刻怀着悲天悯人之心。颜回也真正做到了这些，他时刻以"仁"作为自己的行为准则，与人为善，以仁待人，胸怀天下。

孔子说：人太奢侈了就会不恭顺，人太节俭了就会固陋。与其不恭顺，宁可固陋一些。又说：即便是一个人有周公那样的才能和那样的美德，但是如果他不但骄傲而且还吝啬，那么其余的也就不值得一提了。

在这一点上，孔子十分欣赏颜回。颜回穿的衣服一贯朴素，甚至有时候还有补丁。有一次，孔子经过颜回家，看到木门虚掩着，就走了进去。他看到颜回正端着一只瓢在喝水，旁边还有一碗尚未吃完的米饭，饭里半点荤腥也没有。孔子看到心疼

不已,但是颜回却笑着对他说:井水可以用来解渴,白米能够让我不饿肚子,这样我已经很满足了。

有一日,颜回在天刚蒙蒙亮的时候出门。刚走不远,他发现路边闪过一抹黄澄澄的亮色。他好奇地走过去,发现是一块金锭。颜回将金锭拾起来,感觉入手颇有分量,他看着金锭一笑,说道:我并不需要它,还是留给真正需要的人吧!于是他将金锭放下,继续赶路。

孔子带着弟子周游列国之际,因为沿途兵荒马乱,他们被困在陈蔡之间,粮食吃完了,大家只能顿顿挖野菜吃。子贡四处奔走,终于弄了一点儿米回来,孔子就让颜回去生火煮饭,饭快要煮好的时候,忽然刮了一阵风,许多尘土落入了热气腾腾的锅里。颜回一愣,拿起了勺子。这一瞬间正好被孔子看见了。

饭煮好之后,颜回盛好米饭请孔子进食。孔子假装若有所思地对颜回说道:方才我梦到祖先,我想这干净还没人吃过的米饭,就先拿来供奉祖先吧!

颜回急忙说:万万不可,这锅饭我已经吃过了,不能用来供奉祖先了。

于是孔子问他为什么,颜回脸色微红地解释道:方才煮饭的时候,有尘土落入锅里,弄脏了米饭,我不能把脏了的米饭给师长食用,但是扔掉又太可惜,就把脏了的米饭舀出来吃掉了。

孔子这才知道自己误会了颜回,十分愧疚,对颜回也就更加喜爱了。

面对箪食瓢饮,颜回不改其乐;面对财帛米粮,颜回不动其心。知足常乐,无欲则刚,颜回给颜氏一族树立了良好的榜样。

颜之推在《颜氏家训》中这样告诫颜氏的子孙:一个人可以俭省,但是不可以吝啬。所谓俭省,是合乎礼的节省;所谓吝啬,就是说面对困难危急的情况也不肯救助。有时候那些乐于布施的人自己也很奢侈,而那些俭省节约的人往往都很吝啬。如果能够做到对别人乐善好施而自己不奢侈,自己俭省节约而又不吝啬,那就可以了。

北齐有个将军贪得无厌,他积攒了非常可观的财富,家里的僮仆也有八百人之多,但是他还是觉得不够,他希望僮仆达到一千人。他规定每人每天的饭钱是十五钱,如果家里来了客人,不会另外拿出钱财招待,而是从每个人的饮食开支中均摊。后来这个将军犯罪被抓,财产充公,抄家的时候发现他家光是麻鞋就有整整一屋子,破旧的衣服也堆满了好几个仓库,其余的财物更是多得数不清。

颜之推以这个例子来告诫子孙,俭省之时要把握好度,如果俭省过度,那就不是俭省,而是吝啬了。

南朝齐梁有个人叫裴子野,每当有远亲旧戚陷于饥寒而又不能自救的时候,他都会收留。但是裴子野自己的家境其实也很清贫,有一年发生了水灾,家里存米只剩下二石,即使煮成稀粥,也只能让大家每人都喝上一点点而已。而裴子野同大家一起喝稀粥,一点厌恶的神色都没有。颜之推希望子孙后代可以学习裴子野，做到俭省持家，乐善好施。

颜之推在《颜氏家训》中写道：风化是从上而下推行开来的，是先驱者影响后继之人。颜斐是颜回的二十三世孙颜敫的儿子，他出身书香门第，自幼在父亲的督促之下，与兄弟颜盛在一处读书。父亲经常勉励他们兄弟二人，指导他们的学业，对他们的要求也甚为严格。颜斐长大以后，果然造福黎民百姓，一生政绩斐然，深受百姓爱戴。

梁元帝年间，有一个中书舍人治家过于严苛，有失法度，结果他的妻妾们联合起来买通了刺客，在他醉酒之时趁机杀掉了他。对这件事，颜之推有着自己的看法，他认为，如果作为一个父亲不慈爱，那么他的儿子将来长大了也不会孝顺；如果作为一个兄长不友爱，那么他的弟弟也不会对他恭敬顺从；如果作为一个丈夫不讲情义，那么他的妻子也不会柔顺。至于出现父亲慈爱但是儿子却忤逆不孝、兄长友爱但是弟弟却傲慢自大、丈夫有情有义但是妻子却咄咄逼人的情形，是因为这些人天生凶神恶煞，只能通过刑罚来对他们加以震慑，不能依靠训诫教导来改变他们。治家的严宽标准就如同治国一般，刑罚的施用要恰当适度。

北齐吏部侍郎房文烈，从来都不对人发怒。有一次因为大雨连绵不停，家中断粮，他就派了一个婢女出去买米，不曾想那个婢女居然趁机逃跑了，过了三四天才被捉回来，但房文烈并没有责打她。房文烈还将自己的宅子借给他人住，房子却差点儿被拆掉当成柴火烧了，房文烈知道了以后也只是眉头紧蹙而已。在治家的时候他一味讲究宽厚仁慈，导致自己的日常饮食陷于困顿；用于馈赠亲友的物品，连僮仆都敢从中克扣；答应资助他人的钱财物品，被妻子和儿女从中扣减，甚至出现轻慢欺侮宾客、刻薄同乡邻居的事情。在颜之推看来，这是家庭的大害，像房文烈那样的行为是不可取的，世人需要引以为戒。

颜之推一生飘摇，命途多舛，这使得他的眼光不仅仅局限于家庭之内。他告诉颜氏子弟"父兄不可常依，乡国不可常保"，所以要学会自强自立。他在《颜氏家训》中写道：老百姓生活之中最根本的事情，就是种植庄稼以解决吃饭的问题，种植桑麻以解决穿衣服的问题。他们所贮藏的蔬菜果品是自己家果园菜圃里产的；他们所食用的鸡肉、猪肉是自己家鸡窝猪圈里养的；还有房屋器械、柴草蜡烛，无不来源于耕种养殖之物。那些善于经营家业的人，不用出门便能自给自足，家里也只是缺了口盐井而已。

所有这些，都是一个家长对于自身家族今后发展壮大的殷殷期盼。

教子当循：趁早，疏远，拘礼，重气节

颜之推认为，智力超群的人，即使不用教导也能够成才；而那些智力低下的人，即使是受到教导也于事无补；至于智力中等的人，不去教导他们就不会懂得事理。

在古代，圣贤的君主已经有了胎教的意识。嫔妃怀孕三个月的时候，君主就会让她搬到专门的房间中去住，不去看那些不应该看的，也不听那些胡言乱语，而她听的音乐、吃的饮食，都必须受到礼仪的约束。孩子出生以后，就已经确定好了太师、太保，对孩子进行孝仁礼义等方面的指导和教育，并且引导孩子学习。

虽然平民百姓因条件所限做不到这样，但颜之推认为，即使做不到，也应该在孩子大一些，能够让他们看懂大人的脸色、知道大人的喜怒之时，适时地对他进行教育和引导，让孩子学会做到大人允许他做才做、大人不允许他做他就立即停止。这样等到孩子长大的时候，因为养成了好习惯，就不必对他使用笞杖的惩罚了。

如果父母威严而又慈爱的话，子女就会敬畏谨慎，从而产生

孝心。而有的父母对子女不加以教育，只是一味溺爱，从不约束子女的言行举止，甚至放任其胡作非为，应该告诫阻止时反而去夸奖鼓励，应该斥责时却总是和颜悦色。长此以往，等孩子长大了，就会认为他的那些无礼行为并无不妥，甚至理当如此。

如果当孩子养成骄纵傲慢的性格，父母才想到去管教约束他，那就算鞭笞杖责，也无法再树立起父母的威信了。而且父母的愤怒还会导致子女的怨恨之意日渐加深，等到子女长大成人之时，终究会成为那种道德沦丧、品行败坏之人。

孔子说"少成若天性，习惯如自然"，俗话说"教育儿子要趁早"，说的都是这个道理。

大司马王僧辩的母亲魏夫人，品行十分严谨方正。王僧辩在溢城的时候，已经年过四十，是一个统率着三千士卒的将领，但是稍有让母亲不如意的言行，仍然会被母亲批评责备。颜之推知道了这件事，颇有感触，他认为那些不能对子女进行良好教育的人，其实也不是想要让子女陷入罪恶的境地，只是不想太过苛责生气而伤了子女的颜面，不忍心用荆条抽打而伤了子女的肌肤而已。在颜之推看来，谁也不愿意苛责自己的子女，只是不得已而为之，就好比生了病都得喝药一样。

有人问颜之推：孔子的弟子陈亢听说孔子疏远自己的儿子，这是为什么呢？颜之推回答他说：孔子这样做是有道理的，因为君子不亲自教授他们自己的孩子。那人又问：君子为什么不亲自教授自己的孩子呢？颜之推回答说：《诗经》里有讽刺君主的话语，《礼记》里有自己避开嫌疑的告诫，《尚书》里有违礼作乱的事情，《春秋》里有对品行不端之人的讥讽，《易经》里有备办各种器物致用的卦象。而这些，都不是一个父亲能够直接向子女讲解的，所以君子不亲自教授自己的孩子。那人听罢，恍然大悟。

颜之推认为父子之间的关系要严肃，不能过于亲昵，如果不拘礼节就无法做到父慈子孝，如果过于亲昵就会让孩子对父亲无礼怠慢。骨肉之间的亲情，是不能简慢不拘礼节的。

自古以来，人们宠爱孩子的时候，很少有人能够做到对自己所有的孩子都一视同仁。颜之推认为，在孩子们当中，那些贤良俊才自然是可以得到父母的宠爱，而那些愚顽鲁钝的，也应该被同情怜爱。如果偏心宠爱其中一个，虽然是因为爱他，但是更多的时候却是害了他。

郑武公的儿子共叔段因为他的母亲武姜过于溺爱而生出了非分之心，发动叛乱，被哥哥郑庄公击败，最后死在他国。汉高祖刘邦的第三个儿子刘如意因为母亲戚夫人的宠爱，最终在刘邦死后被吕后杀害。这些事情都可以作为后世的镜鉴。

颜之推在北齐的时候，有一个南朝过来的士大夫，他对颜之推炫耀：我有个孩子，已经17岁了，通晓公文的书写，教他学习鲜卑语、弹奏琵琶，他一下就掌握了其中要领，他用这些才华和本事侍奉朝中的贵人们，那些人一定会宠爱、喜欢他的，这可是对他和对家族都很重要的事情啊！

颜之推闻言，沉默不语，他私下感叹道：这人教育孩子的方式实在太令人诧异了！如果通过这种邀宠献媚的手段去博得旁人的喜爱，那么他即使做到宰相，又能如何呢？

当时，北齐的统治者虽然也注重汉文化，但是鲜卑人的文化还是占据上风。那些鲜卑贵族的汉文化水平都不高，他们也从来不把汉族的文士放在眼里，常常排斥打压凌辱汉族的士大夫。在这样的情况下，汉族的士大夫们整日小心翼翼，于是，有一些人为了提高自己和家族的地位，就开始学习鲜卑语和礼乐习俗，平日里的一言一行都在模仿鲜卑人，以此来与鲜卑贵族们交好。对于这种行为，颜之推极为不齿，于是他将这件事写到了家训里面，希望自己的子孙后代不要这样做。颜之推是一个十分有气节的人，但是他也不是一个莽夫，他身在乱世之中，有自己的方式来适应这样的环境。

声名之源——但求礼义仁德之道

颜之推的幼年生活在江陵城,那时候江陵是南朝政权的军事中心,也是第二大城市。他7岁的时候开始接受启蒙教育,9岁父亲去世以后,举家搬到了建邺城的颜家巷。在这里他接触到了儒、玄、佛三家学说,还有书法、绘画等,他聪颖爱学,很快就成为一个才华出众的人。这时候的颜之推意气风发、满腔抱负,但是战乱却改变了这一切。

17岁的时候,颜之推又回到了江陵,第二年,就传来大将侯景叛乱的消息,整个梁朝乱成一团。后来建邺城失守,梁武帝被饿死,地方诸王纷纷起兵。侯景又先后废黜和杀掉了三个萧姓的皇帝,大军一路荡平梁朝,随即侯景逼迫皇帝禅位于他。颜之推就在这样一个战火纷飞的时代走上了仕途。

19岁的时候,颜之推被任命为湘东王萧绎右常侍,后立下战功,被加封为西墨曹参军。三年后,转任萧方诸中抚军外兵参军。少年得志的颜之推对未来充满了期待,却不想又遭一难。

公元551年,侯景大军一路攻向江陵,围袭郢州。郢州不敌失守,颜之推被侯景的部将宋子仙所俘虏,差点儿被杀,幸亏有贵人王则相助，向侯景求情，颜之推才幸免于难，随即被押送至建康。王则与颜之推并不相识，只不过他对颜之推的博学多才早有耳闻，起了爱惜人才之意，这才出手相救。论起来，还是颜之推的才学和名声救了他自己。

之后，颜之推就过得顺利多了。侯景之乱被平定之后，萧绎继位，颜之推被任命为散骑侍郎兼中书舍人。元帝萧绎喜爱文学，十分重视典籍的整理和文化工作，于是召集了朝中才华出众的大臣来校勘宫中藏书，颜之推就是其中之一。颜之推非常快活地与同僚们一起扎进书海之中，将自己的满腔热情都投入到工作之中。不曾想，灾祸正在悄悄靠近。

在梁承圣三年（554年），颜之推24岁的时候，北朝西魏大军南下，京城失守。梁元帝一怒之下将所藏图书十四万册付之一炬，焚书之时，梁元帝还拔剑击柱，大叫：文武之道，到今天为止！他居然将这一切归咎于学术，而颜之推也沦为阶下囚。

幸运的是，颜之推再次遇到了贵人，西魏大将军李穆见颜之推学识渊博，十分欣赏，就将他推荐给了自己的兄长李远。大将军李远对于弟弟推荐的人很好奇，等他见到颜之推，经过一番交谈，对颜之推的学识和见解非常欣赏，于是任命颜之推为书翰，为自己处理文书和诏令。颜之推暂时在西魏安定了下来。

西魏恭帝三年（556年），思念故国的颜之推得到了一个令他振奋的消息：西魏权臣宇文泰的嫡长子夺取了西魏政权，建立了北周。于是颜之推想方设法回乡，却不想内乱频起，皇帝被废，颜之推只得留在北齐。

滞留北齐的颜之推的仕途一路顺畅，正在他准备施展满腔抱负的时候，北齐被北周所灭。再次站在北周的土地上，颜之推唏嘘不已。当年他离开之时，意气风发，怀着满腔的理想与抱负踏上了旅途。而如今，却已经是三为亡国之人。颜之推回忆自己一生的所作所为，感慨自己不过就是个追名逐利之人。

颜之推在《颜氏家训》中写道：名与实的关系就像是物体和影子的关系一样。那些德行才艺周全深厚的，他的名声也一定都很好；容貌漂亮气质娴雅的人，他的照影也一定很美。现在有些人，不提高自身的德行和才情以在这个世上博得一个好的名声，就好像是明明相貌丑陋却希望在镜子当中能够照出一个很美的影像一样。

在颜之推看来，上等的人根本不知道名声这回事，中等的人却知道要树立自己的好名声，而下等的人只会盗取虚名。那些不知道名声的人，真正体会到了大道所在，他的一举一动都符合道德的规范，受到了上天的庇护，所以他们并不去追求名声；而知道要树立名声的人，会努力修养自身，行为谨慎，害怕自己的美名无法传扬出去；至于那些盗取虚名的人，看上去忠厚老实，实际上内心狡猾奸诈，他们追求浮夸奢华的虚名，最终是不会得到真正的好名声的。

人的双脚所能踩到的范围只有几寸，不过走在一尺宽的山崖小道上，却常常容易失足落下山崖；走上独木桥的时候，也常常容易掉进河里，这是因为这些地方的两边都没有余下的空间。颜之推认为，君子立身处世的情况，与这些情况相类似。那些真诚的人，众人不一定会相信，高风亮节的行为反而会招来众人的怀疑，这都是因为人的一言一行、声望名誉没有余地的原因。

颜之推经常被人诋毁，因此他常常自我反省。在他看来，一个人如果在立身处世上能做到像走在宽广的大路和宽阔的浮桥上一样，给自己留有余地，那么这个人所说的话就会像子路所说的话一样，胜过诸侯会盟的誓言；这个人所做的事情也会像赵熹劝降舞阴城一样，胜过那些冲锋陷阵的大将军。

颜之推为官之时，看多了世间之人在博取清廉的好名声以后就开始聚敛财富，有了信誉之后就开始信口开河、不守信用的情形。对此颜之推十分不齿，在看他来，这些人的行为是在贬损自己之前辛辛苦苦所建立的名声，最终会使得自己的名声毁于一旦。

朝中有一位大臣，曾以孝敬父母著称，为父母服丧的前后期间，他表达出来的哀痛之情甚至超过了一般的礼制要求，这也为他博取了更多的名声，但实际上他在服丧期间并没有如此悲痛。他的僮仆没有遮掩这件事，还把这件事泄露出去了。结果大家认为他服丧期间，所有的衣食住行等其他的行为也全都是骗人的，从此再也不相信他。

在颜之推看来，因为一件事情造假而毁掉了之前上百件事情的真实，全都是因为这个人无休无止地贪图虚名所致。

东莱王韩晋明是个很有学问的人，他曾经跟颜之推讲过这样一个故事：有一个士族出身的人天生鲁钝笨拙，可是因为家世显赫，还读过二三百卷的书，就自诩甚高。他常常用酒肉珠宝来结交一些名士，而那些接受了他所赠财物的人，就开始吹嘘他的才华，致使朝廷信以为真，还聘请他去做官。

韩晋明十分喜爱文学，他对那个人的文章产生了怀疑，认为这些文章都不是那个人命题构思的。于是韩晋明摆了宴席，邀请众人来叙谈，想要当面试探那个人。宴会上全都是文人名士，他们按照声韵提笔写诗。那个人也很快就写好了，但是却跟之前进献的文章里的神韵大不相同。韩晋明并没有声张，只是感慨事情果然如他所料。

韩晋明还问那个人：玉珽机上安装的终葵之首，是什么形状的？那人回答道：珽头弯曲，大概像是葵叶的形状吧。玉珽就是大臣们上朝时候手中所执手板，是以终葵为椎的，那个人居然说是葵叶形状，实在是个不学无术、沽名钓誉之人。

有人问颜之推：人去世以后形神俱消，留下的名声就像是蝉蜕蛇蜕一样，像飞鸟走兽经过之后留下的踪迹一般，这与死掉的人又有什么关系呢？为什么圣人却用它来教化众人呢？

颜之推告诉他，圣人这样做是为了勉励。他说：勉励人们建立好的名声，就能得到实际效果。况且勉励人学习伯夷，就会在千万人当中形成清正的风气；勉励人学习季札，就会在千万人当中形成仁爱的风气；勉励人学习柳下惠，就会在千万人中形成坚贞的风气；勉励人学习史鱼，就会在千万人当中形成刚正的风气。因此，圣人希望这一类有好名声的人不断出现，美名可以一直流传在世上，带给我们的意义不是很大吗？四海悠悠，天地广阔，芸芸众生皆仰慕美名，这大概是因为人们性情的缘故，以至于人们都是喜欢善的东西。

颜之推还说：祖先的好名声，对于子孙后代而言，就像是冠冕和华堂。从古至今，得到祖先名声荫庇的人太多了。多多行善，树立名声，就好像建造房屋和种树，人在活着的时候可以获得它所带来的利益，去世之后还可以惠及后人。他也叹息道：这世上的俗人，不懂这个道理。如果他们去跟那些美名和灵魂一同升华，跟松柏一样茂盛长青的圣人相比，那实在是太过愚蠢！

风烈懔然，长兄如父颜之仪

颜之推 9 岁的时候，他的父亲颜协去世了。父亲离世之后，家道衰落，颜之推的长兄颜之仪支撑起了这个家。

父亲颜协在世的时候，对三兄弟的教导十分严格，要求他们言语平和、神态安详、规矩端正、恭谨严肃，时刻都要注意自己的一言一行。兄弟三人每日都要给父母请安，而每次请安，颜协和妻子都要对颜之仪和颜之善的功课进行考校，并且对他们的功课做出评价和建议。

颜之仪和颜之善由于父亲颜协的教导，都是好学上进、兄友弟恭之人。颜之推作为三兄当中最小的一个，备受兄长们的呵护。兄长们对他关怀备至，很少责备他，家里最好的东西也都留给了这个最小的弟弟，使得颜之推有一个稳定的生活环境，不用为生计发愁，可以安心读书，恣意玩乐。

没有父亲的日子里，兄弟几人的生活虽然贫苦了很多，不过他们依然过得很幸福。颜之仪弱冠之年就入仕为官，没有公务的时候，他带领弟弟颜之善和颜之推去书房，教导他们读书。

颜之仪自幼聪慧，3 岁就可以背诵《孝经》。他才思敏捷，学识渊博，工于词赋，得到了当时众多名士的赞扬。

初到北周之时，颜之仪被任命为麟趾殿学士，负责整理校勘经传文集。过了不久，皇帝立储，颜之仪被任命为太子侍读，负责陪太子读书，给太子解答读书学习时遇到的问题。除了学习上的事情，侍读还有劝谏之责，如果发现太子有不妥的行为举止，就要毫不畏惧地进行劝阻和制止，并督促其对错误之处加以改正。

一旦太子继承皇位，亦师亦友的侍读通常都会成为心腹大臣，得到重用，在朝堂之上的影响力自然也不可同日而语，这些都使得太子侍读这个官职十分重要。也因其重要性，每一个侍读都要经过层层筛选，被选中之人无不品学兼优、忠诚刚正。

受祖辈忠义之举的影响，颜之仪为人稳重谨慎、忠烈耿直，在担任太子宇文赟侍读的时候，就曾多次进谏直言太子的不当之处。对于太子的错误，其余人都假装没看到，只有颜之仪直言不讳，劝诫太子。周武帝知道之后，对颜之仪大加赞扬并予以封赏，同时严厉地处罚了那些遇事装聋作哑之人。

尽管颜之仪时常进谏会惹太子宇文赟不高兴，但是依然不影响太子对他的才华和做事态度的敬重。太子宇文赟继位之后，颜之仪就升任上仪同大将军、御正中大夫，官至从一品，后来还晋爵为公，由此可见宇文赟对颜之仪的重视。

升迁之后的颜之仪依然保持着原来的性子，屡屡直谏，哪怕是不被采纳也从不停止，触怒了皇帝也不畏惧。好在二人久为君臣，皇帝十分了解他，也知道忠言逆耳，所以即使很多时候并不采纳颜之仪的建议，但是依然敬重他。

不过宇文赟继位以后，宠幸郑译、刘昉等人，这些人仗着皇帝的宠爱以权谋私，胡作非为。太师于义上书，希望可以整肃朝廷，重振朝纲。郑译等人见风声不对，于是恶人先告状，在皇帝面前参了于义一本。宇文赟果然听信了郑译等人的谗言，以为于义毁谤朝廷，要降罪于他。这时候，颜之仪挺身而出，说道：尧舜在交通要塞设置木牌收集谏言，是为诽谤之木，还在庭中设置敢谏之鼓。古代的贤君尚且不怕听到自己的过错，于义直言，又怎么可以因此获罪呢？颜之仪以尧舜作比，安抚了宇文赟，宇文赟心里敞亮了许多，于是没有再追究于义。

宇文赟临终前嘱托颜之仪和刘昉辅佐新君，宇文赟驾崩后，刘昉和郑译等人写了一份假遗诏，想要立与他们相互勾结的杨坚为丞相，来辅助新君宇文阐。但是遗诏必须要有颜之仪的署名才可以，于是他们逼迫颜之仪署名。

颜之仪一看便知遗诏是假的，于是他厉声呵斥刘昉等人：先帝驾崩，新皇年幼，理当是宗室里的人才辅政。如今皇亲之中，赵王的年纪最大，不管是从血缘上来看，还是从道德上来看，都是一个值得托付重任的好人选。你们备受皇恩，此刻应该想的是如何尽忠报国，怎么能够将皇家大权拱手让人！我就算是死，也不能欺骗先帝，与你们同流合污！刘昉等人知道颜之仪的脾气，知道从他这里无处下手，于是伪造了颜之仪的署名。

后来，还是被杨坚得逞。但是想要名正言顺地受禅为帝，就需要虎符和传国玉玺，这两样物品的所在地只有颜之仪知道，于是杨坚就找颜之仪索要虎符和传国玉玺。颜之仪一口回绝，说：虎符和传国玉玺乃是天子之物，自有它们的主人，做宰相的凭什么来要？杨坚大怒，想要杀了他，但一想到颜之仪在朝堂和民间的声望颇高，怕杀了他引起民愤，于是作罢，将他贬为西疆郡太守。

隋朝建立之后，隋文帝杨坚再次将颜之仪召回京中，晋爵为新野郡公，之后又将颜之仪派往集州担任刺史。隋开皇十年（590年）正月，隋文帝再次见到颜之仪，他回想往事，不由感叹道："见危授命，临大节而不可夺，古人所难，何以加卿！"在危难之时敢于献出生命，生死面前也不改气节，这连古人也难以做到，可是颜之仪却做到了，他赢得了隋文帝的尊重。隋文帝便赐钱十万、米一百石给颜之仪。

相对长兄颜之仪，颜之推的命运曲折得多。战乱过后兄弟再次相见，虽已物是人非，但是他们的心却始终如一。后来颜之推在《颜氏家训》中写道："慈兄鞠养，苦辛备至。"童年的遭遇让他们兄弟之间的感情更加深厚，颜之推也将兄弟之间的相处之道写在了家训里，以教导后世子孙。

青出于蓝，驰骋庙堂颜师古

颜师古是颜之推的孙子，颜之推去世那一年，颜师古只有11岁。颜师古出生在隋朝建立初期，正是战争结束、国家统一的时期，社会也逐渐安定。同时，儒家学说得以复兴。

颜之推对颜师古一直悉心教导，不管是学业礼仪，还是言谈举止，都给了颜师古很大的帮助。在祖父和父亲的教导与影响下，颜师古自幼博览群书，学识过人。隋文帝仁寿年间，刚刚弱冠的颜师古得到尚书右丞李纲的举荐，被任命为安养县县尉。安养县属于襄阳地界，经济较为发达，更是一个有着重要军事意义的地方。

上任前，尚书右仆射杨素担心颜师古年纪太轻，不能服众，于是问颜师古：安养这个地方非常重要，你有信心管理好吗？对于杨素的疑问，颜师古毫不犹豫地回答：杀鸡焉用牛刀！见他如此有信心，杨素觉得颜师古在说大话，于是又问他道：那么在你看来，县尉都有什么样的责任呢？

颜师古胸有成竹地回答道：作为县尉，要对自己管辖范围内的大小事务了然于胸，手下官吏的能力和职责范围也必须清楚明白，对于土地、交易、刑罚等方面都要用心处理，依据律法公正判断，同时在徭役税收方面，也需多加注意。杨素听他知之甚详，便没有再多说什么。颜师古到了安养县，果然将县里打理得井井有条，政绩十分突出。后来因事获罪被免职，后住在长安。十年过去了，他依然没有调任新的职位，于是开始以教书为生。

隋大业十四年（618年），宇文化及杀了隋炀帝，李渊趁机逼迫隋恭帝禅位。李渊登基后不久，颜师古被任命为敦煌公府文学，父亲颜思鲁则被任命为仪同、秦王记事。

之后，颜师古被提拔为中书舍人，负责记录皇帝的日常行为和国家大事。中书舍人每日经手的都是国家机密，还要转达签署朝廷往来的制诰文书，这一职位只有心腹大臣才能担任。颜师古的祖父颜之推就曾经做过中书舍人，而颜师古也继承了颜之推在公文写作和处理上的天赋，同时办事机敏，熟悉国家大事，当时诏书和文件一概出自颜师古之手。

唐武德九年（626年），秦王李世民发动玄武门之变，迫使李渊禅位。李世民继位以后，大力提拔了颜师古，任命其为中书侍郎，总领中书省，职掌诏命，同时还被封为琅琊县男，也就是最低一等的爵位。颜师古的弟弟颜勤礼也被提拔为轻车都尉，兼直秘书省。

唐贞观二年（628年），秘书监魏征举荐颜师古修《隋史》，唐太宗欣然同意。第二年，唐太宗又命颜师古考订"五经"，也就是《诗经》《尚书》《礼记》《周易》《春秋》。"五经"经过官方刊定之后，必定会成为全国儒生学习的范本，由此可见颜师古的文学素养之高，也说明颜师古的学问得到了广泛的认可。

过了几年，颜师古完成了对"五经"的批注。于是唐太宗命朝中几位大儒一同参看，没想到颜师古考据严谨，更正了非常多的错误并补充了一些遗漏，却受到了群儒的指责。原来当时世上流传的"五经"中错误甚多，群儒们早就习惯了这些错误的解释和说法，而颜师古大量地纠正，使得他们一时难以适应。面对这种情况，颜师古不为所动，在金殿之上引经据典，舌战群儒，最后，众人纷纷表示叹服。颜师古金殿之上的表现令唐太宗十分赞叹，当场将他升职为通直郎、散骑常侍。

唐贞观六年（632年），朝廷颁布了颜师古所考订的"五经"，新"五经"成为天下儒生的标准范本。之后，颜师古被封为秘书少监，负责考校"奇书难字"。这时的颜师古，在朝中的地位仅次于魏征。

颜师古的祖父颜之推见多识广，在南北方的语言、文字方面有着很深的研究，并且还将其写进了《颜氏家训》中。颜师古自幼深受颜之推喜爱，时常被带在身边，耳濡目染之下，颜师古对于训诂方面的造诣可以说是青出于蓝。颜师古就职秘书少监之后，可谓是如鱼得水，每次遇到奇文难字，都可以辨析出来，还能说出它的本源。

颜师古进入秘书监以后逐渐开始提拔那些名声不显赫的年轻后辈。此举原本无可厚非，但那时颜师古提拔的人都是出身显贵、家境富裕之人，没有清贫的寒门学士。当时朝中之人纷纷议论，认为颜师古收受贿赂。也因为这件事，唐太宗将他贬为郴州刺史。

唐太宗一向喜爱颜师古，这次迫于舆论将他贬官郴州，心中颇有不舍，于是命人将颜师古叫来。刚被贬了官的颜师古心情低落，精神不振地拜过唐太宗之后，垂手立于一旁等待唐太宗问话。唐太宗看了他一眼，叹了口气说道：你的才学很少有人能比，但是朕没想到你会因为清廉方面的问题被人诟病。你今天得到这样的下场，是你咎由自取啊！不过……唐太宗话锋一转说道，朕爱你重你，实在不忍心将你贬官外放。这次朕既往不咎，希望你日后能够引以为戒。颜师古闻言，连声谢恩，于是继续留任秘书少监。

经此一事，颜师古收敛了很多，他闭门谢客，埋头书案，终于在两年的辛勤忙碌之后，与孔子的三十二代孙孔颖达共同修订完成了《隋史》。又过了一年，颜师古撰成《五礼》。两书先后完成，唐太宗大悦，晋封颜师古为子爵。

唐贞观十四年（640年），在奉诏编纂《五经正义》的同时，颜师古将典籍中的疑难杂字单独提取出来，并且将同一个字古今不同的字体以楷书写于纸上。这些字非常有用，被广泛流传，被称作"颜氏字样"。

而这一年，颜师古完成了他一生中最重要的著作《汉书注》。《汉书注》是颜师古的力作，为此他投入了大量的心血。他对前人的书籍进行整理，认真考校所有旧注，取长补短，匡正谬误。

而颜师古所做的新注内容丰富，引据确凿，十分具有说服力。也正因为他治学严谨，《汉书注》一问世就得到了全天下学士们的赞扬与推崇。

完成了《汉书注》之后，颜师古又开始了《匡谬正俗》的创作，想要纠正典籍之中的谬误，整理清楚南北语言之间的差异。当年颜之推辗转于南北之间，对北方和南方语言之间巨大的差异深有体会。当时南北方因西晋末年开始的长期分立和因战乱导致的交流阻断，造成了巨大的语言差异，使得南北百姓之间交流困难。于是颜之推就将他毕生研究的心血写在了家训之中，以给后世子孙作为参考。在家训的影响之下，颜师古对于训诂之道以及字的形音义颇有研究。《匡谬正俗》的论述中肯，引据丰富，还指出原先一些错误的解释是由于读音不同而产生的，这些对语言文字的研究具有非常高的价值，只可惜颜师古尚未完成《匡谬正俗》便离开了人世。

颜师古和他的三个兄弟感情十分好。他去世后不久，弟弟颜相时也因为哀伤思念过度而离世，令人唏嘘不已。而颜师古的三个儿子一直秉承祖训，用功读书，后来都有所成就。

一门烈士三十人，不辱谥号"文忠"

颜真卿是颜师古的五世从孙，是中国历史上著名的书法家，"楷书四大家"之一。他同样也是唐朝的一位名臣。

颜真卿3岁的时候，他的父亲因病去世，母亲殷夫人知书达理，对颜真卿的教育也很用心。颜真卿聪慧过人，勤奋好学。唐开元二十一年（733年），他通过了国子监的考试。第二年，他参加尚书省的科举考试，登甲科，进士及第。

颜氏家风严谨。颜真卿深受其影响，向来秉性正直、不畏强权，一生为官清正，致力于匡扶正义。在他担任监察御史的时候，曾巡查到五原。当时五原有一冤案久久没有结案，当地又连日大旱，百姓苦不堪言。可是就在颜真卿平反冤狱以后，忽然天降大雨，五原的百姓喜极而泣，称此为"御史雨"。

但是由于太过耿直，颜真卿得罪了当时的宰相杨国忠，被其调出京师。之后，颜真卿重新回到京师为官，依然刚正不阿，弹劾上谏一样不落。于是刚回到京师不久，他就再一次受到了杨国忠的排挤。

唐天宝十二年（753年），颜真卿被贬到平原郡担任太守。

颜真卿上任之时，他的朋友岑参为他送行，并且十分担心他，"郊原北连燕，剽劫风未休"正是对平原郡恶劣天气的描写。

上任以后的颜真卿"废苛政、黜奸小、除奸诡、进忠良"，百姓们对他赞不绝口。当时，安禄山野心勃勃，聪慧的颜真卿把时局看得十分清楚，早就猜到了安禄山有反叛之心，于是私下悄悄地做起了防范措施。他借防汛的名头，暗地里疏通护城河道，不断修筑、加高城墙，同时囤积粮草，招募壮丁。

为了防止安禄山起疑，他每天都装作一副不问政事的模样，整日与朋友一起四处游玩，吟风弄月，甚至还主持编写了研究音韵的书——《韵海镜源》，以此来打消安禄山对他的怀疑。安禄山派人来，颜真卿好吃好喝地招待他们，还即兴写了一幅字，这样的做派彻底消除了安禄山的防备之心。在安禄山看来，颜真卿就是一个只会舞文弄墨、吟诗作对的酸腐书生，不足挂齿。

唐天宝十四年（755年），安禄山打着奉密诏讨伐奸臣杨国忠的旗号起兵谋反。叛军来势汹汹，各地没有任何防备，地方官员要么大开城门投降，要么弃城逃走。唐玄宗以为河北二十四郡已经全部投靠安禄山，十分失望地说：难道二十四郡里，竟然没有一个忠臣吗？

而此时的颜真卿，不等皇上诏令就准备讨伐叛军，他很快就将手下的三千兵马扩充到了上万，并且与担任常山郡太守的族兄颜杲卿约定好互为犄角，双方共同抗击，他们组成了河北义军同盟，讨伐叛军的队伍越来越大。于是安禄山在平原郡碰了钉子，这让他异常恼怒。

叛军攻陷了洛阳之后，安禄山派手下的段子光带着洛阳太守李憕的人头前去招降颜真卿。段子光将李憕的人头扔到颜真卿脚下：若是不投降，这就是你的下场！可是颜真卿不为所动，说道：休要诓我，我认识李憕，这根本不是他的人头。然后他冷冷一笑：来人！将这个反贼拖出去砍了！

颜真卿这一举动瞬间使得军心大定。之后，在颜氏两兄弟的感召之下，被安禄山占领的城镇军民奋起反抗，将安禄山的将领斩杀，纷纷夺回城池。于是河北二十四郡中支持朝廷的很快就达到了十七个。此时的颜真卿被推举为联军盟主，率军二十万人。

唐天宝十四年（755年），颜真卿指挥联军在堂邑大破安禄山叛军，歼灭叛军两万余人。联军阻断了洛阳叛军和安禄山大本营范阳之间的联系，使得叛军的粮草断绝，联军军威大振。安禄山只能停止进攻潼关，回师河北。颜真卿的这些作为，给郭子仪和哥舒翰等朝廷正规军争取了宝贵时间。而此时的唐玄宗也已经得到了颜真卿的奏报，在得知这些消息之后，他感到十分欣慰，大唐总算还有忠臣义士！他感慨道：我真的不知道颜真卿这个人是什么样子，没想到他做事居然如此出色！

安禄山的嫡系将领刘客奴派人向颜真卿表示了归顺之意。面对这样的情形，颜真卿立即命人走水路，给刘客奴送去了十万军资，为了让刘客奴顺利归降，颜真卿甚至还将自己不到

10岁的独子送去当作人质。

颜真卿的族兄颜杲卿也毫不逊色，他一举将安禄山的义子李钦凑斩杀，为大唐守住了太行山著名的险关要隘井陉关。这一举动惹恼了安禄山，他立刻命令史思明率军直扑常山。在常山一役之中，颜杲卿寡不敌众，被叛军俘获。安禄山命人将颜杲卿押送洛阳，亲自审问。没想到颜杲卿拒不投降，于是安禄山就当着他的面杀了他儿子。即使这样，颜杲卿依然大骂安禄山，安禄山大怒，命人用铁钩钩断了他的舌头，颜杲卿依然含混不清地骂着，直到气绝身亡。

几年之后，颜真卿满怀悲愤地记述了此事，写下了《祭侄文稿》，他将国仇家恨全部凝聚在文字里，字里行间都透露着他行文之时的苍凉悲愤之情。

在这场关乎整个大唐生死存亡的战争之中，颜氏家族付出了极为惨痛的代价——颜家上上下下先后三十多人死在战争之中。

唐德宗时期，淄青节度使李希烈蓄意谋反，颜真卿受皇帝之命前去李希烈的军中传达朝廷旨意，反被李希烈扣压。生死关头，他却临危不惧，誓死捍卫自己的气节。无论李希烈威胁要挖坑将他活埋，还是要放火将他烧死，他都毫无惧色，直至被处死。

颜真卿英勇就义之事传出之后，三军皆怆然泪下。唐德宗废朝五日，追赠颜真卿为司徒，谥号"文忠"。

文人出身的颜真卿以仁养心，面对国家危难大事凛然不惧，正如他自己所说"吾守吾节,死而后已"。唐德宗对颜真卿予以了高度评价:"鲁郡公颜真卿,器质天资,公忠杰出,出入四朝,坚贞一志。属贼臣扰乱,委以存谕,拘胁累岁,死而不挠,稽其盛节,实谓犹生。"

第三章 谢安家训：雅道相传，硕学通儒

谢家家训为中国最有名的"六大家训"之一。谢氏出自西周申伯，之后历经三十六代到谢衡，当时谢氏一脉为了躲避永嘉之乱，来到会稽郡的东山定居，其后世子孙皆在此定居。

谢家在最开始的时候并不显赫，直到出现了谢安、谢石、谢灵运、谢道韫等闻名于世、名垂千古的子孙后，便与当时的琅琊王氏比肩，成为东晋有名的世家望族。由此谢家在历史的画卷上留下了浓墨重彩的一笔，尤其是教育出众多杰出的谢氏子孙的谢家家训，经过家族世代的传承，流传至今。

谢家的家训包括孝道、修身、明学等道德品质的要求，还有待人接物等为人处世的方法。

处变不惊真君子，生死之间现从容

谢氏一脉大都是高雅名士，面对任何外物都能做到面不改色，从容应对。谢安的伯父谢鲲就是这样，他面对任何事情都很淡然，不管别人高声赞扬他，还是执鞭侮辱他，他都没有任何激烈的情绪。

某日，谢鲲在大街上遇到了当时的长沙王司马乂，司马乂辅政掌权，听信流言，以为谢鲲将因回避自己而出奔，欲鞭挞谢鲲。谢鲲竟然主动解衣受罚，毫无不满之色，之后谢鲲不慌不忙地把脱了的衣服再一件一件穿回去。他表现得毫不在意，从容地穿衣，从容地离开，自始至终都没有任何别样的表情或者愤怒的情绪。

在此之后，谢鲲被东海王司马越征召到府上做辅官，却多次因为一些很小的原因被贬黜，并数次被这些王爷之流的人折辱。这让当时的望族名士王玄、阮修等人为他感到不值和愤恨，但谢鲲本人却没有什么大的反应，依旧一副从容的态度，并没有因为被多番羞辱就悲愤难当。谢家家训中处变不惊、重忍耐的训诫，谢鲲做到了。

不止谢鲲一人能处变不惊，从容淡定，他的侄子谢安更是青出于蓝而胜于蓝。谢安入仕之后就一心辅佐当时的东晋皇帝，不过驸马桓温野心勃勃，有意夺取帝位。谢安与一众朝廷官员为保东晋江山，一直设法阻止。

在当时的朝堂上，能够与桓温抗衡的除去谢安还有王坦之，桓温认为只要将谢安和王坦之杀了，他便可以掌控朝堂。所以，桓温便在一日设宴款待二人，谢安和王坦之都猜到了这是一场"鸿门宴"。王坦之心中惴惴地问，这可怎么办啊？谢安则非常淡定，没有任何惧怕的表现，只是平静地告诉王坦之，东晋的未来就看他们了，若是此次能将桓温唬住，他二人便可幸免于难，东晋王朝还能继续存在；要是失败了，东晋便岌岌可危，他们也死定了。

在宴会上，王坦之吓得面色惨白，未敢出一声。但是谢安却淡定从容地坐下了，而且还很平静地作了首诗讽刺桓温身边那些害怕他、依附他的朝臣，又在席上谈笑风生，直接就将桓温在暗地里布置埋伏的事情说了出来，一点儿害怕的意思都没有。桓温非常尴尬，为谢安的处变不惊以及镇定表现所震惊，最终并没有下令杀他们。谢安与王坦之同为当世名流，但是面对生死的时候，两人的表现却大相径庭，谢安在面对危险的时候那种从容不迫的气度，让人折服。

前秦皇帝苻坚集结将近百万兵马想要吞并东晋一统天下。战事紧迫，东晋国都人心惶惶，满朝文武官员急得像热锅上的蚂蚁，谢安被皇帝封为大都督，带领家人谢万、谢石、谢玄、谢琰，以及建威将军桓伊统率当时东晋全部的兵马前往应敌。当时的东晋兵马不足十万，如何能与号称百万雄兵的前秦打仗？

谢玄心中紧张难安，叔叔谢安却淡淡地表示自己已有安排。谢玄依旧很担心，他很想知道叔叔到底有何锦囊妙计。没想到谢安竟然备上马车招呼亲朋好友前往山上的别院参观，到了别院还要跟谢玄下棋，平时谢玄的棋下得比谢安好，但是那一天，谢玄因为担心战事所以有些心不在焉，最后输给了谢安。随后，谢安又招呼所有人去爬山玩乐，到了晚上才镇定自若地将自己早就做好的部署安排给各路领军的人，等到前线接连有捷报传到谢安手上的时候，他才面露喜色。

之后爆发了淝水之战。当时战况十分危急，前秦军队随时都有可能兵临国都城下，所以镇守荆州的桓冲便将自己身边的精兵拨出一部分派往国都建康，支援谢安。但是谢安却对援军说他都安排好了，不用担心国都，还是回去把西面守好，就让这些人原路返回并把此话带给了桓冲。桓冲虽然很敬佩谢安的气度，但还是很担心国都的局势。而淝水之战的捷报传来的时候，谢安还在与朋友气定神闲地下棋，收到捷报当场也没有喜形于色，而是等到只剩一个人的时候才欢呼雀跃，甚至还把自己的木屐上的屐齿弄断了。

谢安的侄女谢道韫也将谢家从容淡定的气魄学到了，她的丈夫王凝之做会稽郡内史的时候正好赶上孙恩起义，谢道韫希望丈夫能够组织人手进行抵抗，但是王凝之却寄希望于神灵，最终逃跑失败被杀害,她的儿女也在战争中身亡。谢道韫却没有离开,她拿起武器与起义军进行抗争,最终因为实力悬殊而被抓,当时她手中还抱着年幼的外孙。不过谢道韫面无惧色地面对孙恩,让他杀了自己,放过自己的外孙。孙恩早就听说过谢道韫的名字,见到谢道韫本人,便被她毫不畏死的气度所折服,不但没有杀她,还将所有被俘的人都送回了会稽。

谢氏这条处变不惊的家训为谢氏一脉塑造了从容淡定、临危不惧的气魄,使得他们在为人处世、安身立命的过程中得以保全自己和家族。

"硕儒称""柳絮才",谢氏学风誉江左

在魏晋那个崇尚黄老玄学的时代,谢衡是一个异类,他没有理会社会的风气而是专精传统的儒家经典。不过他也因为博物多闻、精通儒学成为晋朝时期的太学教官,在太学中教导学生入世的儒学经典,并且因为自己的才华而入朝参政,给予当朝官员决策建议。精通儒学的谢衡能够成为崇尚玄学的晋朝的太学老师,除了他的博学多才还因为他出众的人品。

晋武帝时期,全国各地建立不同等级的学府以供名门望族的士族子弟读书。为了教导这些名门贵族子弟,老师的人选就显得非常重要,没有学问、只有德行的不能入选;没有德行、只有学问的人也不能用。此时谢衡进入了皇帝的视线中,谢衡当时已经是一个郡县学校的老师了,而且他也具备德行和学识双重的名望,在儒学上的造诣已经达到大儒级别,所以很快就被皇帝任命为刚刚成立的最高国家级学府——太学的国子监祭酒。史书上素有关于谢衡是一代儒学大师的记载,称呼他为"硕儒"。

谢衡作为当世大儒,同样用儒家的思想和观念来教导自己

子孙，使他们明白君臣、父子、夫妻、兄弟的相处方式，还有各种为人处世的道理。他将儒家的正人君子之风融入谢家的家训之中，使子孙后代能够聆听领会先辈大儒的教导。

谢衡的长子谢鲲自幼跟随父亲学习儒家经典。但是因儒学在西晋的时候已经成为贫寒子弟学习的书籍，不再如以前那样备受上流的名门望族所喜欢，再加上黄老玄学的思想大盛，几乎每一个名门士族都会在家中呼朋唤友召开清谈玄学的宴会，儒学在这种环境下渐趋没落。谢鲲便由儒学转学玄学，即便谢鲲是"半路出家"，但通过研读《老子》《易经》，他对玄学的认知很快迈入精通的行列。再加上他本人心性十分豁达，他的言论便有很多与黄老思想吻合，而且他还精通儒学，所以在见识上更加广博，诸多清谈名士都很欣赏他，就此与其他的一些名士组成了西晋著名的"四友"和"八达"。在文士成风的魏晋时期，谢鲲不仅博得了才名，也没有辜负父亲的教导。

谢尚在祖父谢衡和父亲谢鲲所带来的两种学说中长大成人，他身上不可避免地带上了儒家和玄学两种不一样的气质，这两种气质却恰到好处地融合在了他的身上，并呈现出与众不同的风采。谢尚虽受祖父儒学之气的影响颇深，但是他也很喜欢清谈的玄学，时常参加清谈宴会，还写了一本《谈赋》来描述清谈："斐斐崒崒，若有若无。理玄旨邈，辞简心虚。"可见谢尚在玄学上也有着扎实的知识储备。谢尚不仅在学术上闻名，还精通歌舞，尤其是鸲鹆舞。在书法方面，他的草书上也有一定的造诣，曾获苏轼称赞。

谢安是谢尚的兄弟，是谢氏家族中将整个家族的家风继承于一身的人。谢安文采风流，博学之名传遍天下，因此朝廷就下旨征召谢安到朝中为官，不过被谢安拒绝了。

谢安的兄弟多数是朝中官员，他便将子侄们接到自己身边教养，希望他们不会因为没有机会接受来自父亲的教导就忘记谢氏家族的家风训诫。谢安担负起了教育子孙的责任，跟在他身边的侄子们个个博学多才，见识广博。谢家之女谢道韫出嫁之后曾向自己的叔父谢安抱怨，见识过家中各位兄弟的渊博学识，相比之下，丈夫实在是太浅薄了。谢道韫是西晋闻名于世的才女，当年一句"未若柳絮因风起"成就了"柳絮之才"的佳话。谢家部分子弟在军事上也拥有不错的能力，如谢玄、谢石等，他们在用兵韬略上可谓有勇有谋，在边疆上保卫着东晋王朝的疆土。

谢玄的孙子谢灵运从小就非常聪明，喜欢涉猎各类书籍，可以算是博览群书，而他写的文章、诗词都非常有灵性，被世人尊为"江左第一"。谢氏家族将博学广识的家训家风，就此一代一代地流传下去，造就了如此多惊世绝艳的谢氏子弟。

治家之略：言传身教，赏游聚会

不惑之年之前，谢安一直过着纵情山水之间的隐士生活，他曾多次拒绝朝廷的征召。赋闲在家的谢安除了怡情游玩，也承担起教育子侄的责任。

谢安在教导孩子方面是非常有心得的。有一天，他的妻子花了很长时间教导孩子，在这段时间里，谢安在旁边一句话也不说，妻子责怪谢安不帮忙管教孩子。谢安回答妻子，他都是以身作则，通过自己的言行举止来影响孩子，并没有不教育孩子，只是方法不同而已。

谢玄是东晋有名的将军，军事成就不菲，但他在幼年时却喜欢将自己打扮得花枝招展。他很喜欢佩戴紫罗香囊，言谈举止也非常女性化，这让谢安非常担忧，担心谢玄一不小心就走上歪路，但是又不想因为打扮穿戴的问题伤害了侄子的心，所以就找了一个机会跟谢玄打赌，赢了的一方可以拿走对方身上的一样东西。谢玄听到这个赌约很感兴趣，就点头答应了。最后的结果是谢玄输掉了比赛，谢安从他身上拿走了那个谢玄非常喜爱的紫罗香囊，谢玄非常不舍，但谢安拿到香囊后，并没有像谢玄所想的那样佩戴在他自己的身上,而是毫不犹豫地扔进了炭盆里,将这个香囊烧毁了。看到这一幕,谢玄大为吃惊,但随之便明白了叔父的意思。从那天起,谢玄便再也没有穿戴过女性化的衣饰。

谢朗的父亲谢据年幼时曾做过非常荒唐的事情——拿着柴火到屋顶上去熏老鼠。这件事只有一起长大的兄弟和朋友知道,作为儿子的谢朗并不知道自己的父亲曾干过这样的事情。而与谢朗一起玩耍的伙伴曾不点名地提到过这件事,谢朗听到后嘲笑了做这件事的人。后来这件事被谢安知道了,谢安清楚谢朗对父亲的荒唐行为并不知情,他想告诉谢朗,又怕谢朗觉得不好意思,所以就采用了很委婉的说辞。他告诉谢朗,现在很多人会拿上屋顶熏老鼠这件事来嘲笑谢据,但是人们并不知道这件事情是他同谢据一起干的。谢朗听后,为自己曾经嘲笑父亲而感到羞愧,又为叔父不让自己难堪故意说做这件事他自己也有份而感动。谢朗不知道该怎样面对叔父,就把自己关到房间里几天都没有出门。

在谢安对子侄进行集体教导之后,谢氏家族在历代子孙中形成了一种群体性质的家庭聚会习惯。在聚会中,各位成员畅所欲言,各自讲述自己的文章,展现自己的才华,并相互切磋。

谢安之后,谢氏家族也遭遇了衰落,他的孙子谢混接过了教育后代子孙的重担。在谢氏一脉失去荣宠以后,谢混就将家安置在了国都建康的乌衣巷中。谢混与族子谢灵运、谢瞻、谢晦、谢曜、谢弘微等人每日在乌衣巷中,清谈玄学,吟诗作对,互相切磋，就如同他诗中所言"昔为乌衣游，戚戚皆亲姓"，时人称之为"乌衣之游"。谢混不只是带着子侄游乐，还在其中教导他们学文学知识，为他们指点迷津。他对每一位侄子都进行了品评，而且还作了一首名为《诫族子》的诗，最后用"数子勉之哉，风流由尔振"来勉励后辈子侄，希望他们在以后能够重振家风。后世的谢氏子孙没有辜负先祖的教育，虽不能比拟先辈，但是也让整个谢家家风得以留存于世。

第四章 范仲淹家训：先忧后乐，清正廉明

范仲淹,北宋名臣,出色的政治家、文学家、军事家,被世人称为"范文正公"。范仲淹幼年丧父,少年时家贫但好学,在他还是秀才的时候,就常以天下为己任,有敢言之名。进入仕途以后,更是凭借其出色的才能治理地方,造福了一方百姓,也曾经数次因为上书批评当朝宰相而被贬。

范仲淹自小便树立了救人救世的大志向,终其一生都在为自己的理想而奋斗。他把自己的居所让出来开办学堂,将自己毕生所积攒的钱财拿出来开办义庄,开创中国民间慈善义庄的先河。而他的人生理想——"先天下之忧而忧,后天下之乐而乐"被后世代代相传,八百年而不衰,这也得益于他所留下的《家训百字铭》:"孝道当竭力,忠勇表丹诚;兄弟互相助,慈悲无过境。勤读圣贤书,尊师如重亲;礼义勿疏狂,逊让敦睦邻。敬长与怀幼,怜恤孤寡贫;谦恭尚廉洁,绝戒骄傲情。字纸莫乱废,须报五谷恩;作事循天理,博爱惜生灵。处世行八德,修身率祖神;儿孙坚心守,成家种善根。"

拜官赠母情谊切,未及上任思还乡

范仲淹在《家训百字铭》中写道:"孝道当竭力,忠勇表丹诚;兄弟互相助,慈悲无过境。"他认为人在持家立业的时候,必须要重视孝道,尽自己最大的努力去维系好家族成员之间的关系。兄弟之间也要相互扶持,互帮互助。不管是孝道还是赤胆忠心,这些都体现了慈悲为怀,而慈悲为义,是无法衡量的。他还在《训弟子语》中提到"父母莫忤,身从何来",告诫子孙们要对自己的父母孝顺恭敬。

范仲淹的父亲范墉生前担任一个小小的地方官,家境虽然并不富裕,但也衣食无忧。然而,范墉在范仲淹仅两岁的时候就因病去世了。突来的变故,让范仲淹的母亲不知所措,她没有能力养活自己和年幼的孩子,于是便带着范仲淹改嫁给长山朱文瀚,就此范仲淹改名为朱说。当时,以读书为业、以仕途为目标是官宦子弟的必经之路,范仲淹也一样。

范仲淹的继父朱文瀚把他当成亲生儿子对待,他对范仲淹不只是有养育之恩,更多的是教导之情。朱文翰为人耿直,得罪了朝中权贵,于是被贬为淄州长史,范仲淹的母亲前往淄州秋口前去照料他,范仲淹仍旧留在长山读书。

范仲淹从小就是个孝顺的孩子,他时时记挂着母亲。母亲去秋口的这段时间,他日日思念。后来有一天,他向老师请假去探望母亲,老师和同窗担心他不认路,他却说:这孝水就可以为我指明道路呀!于是范仲淹沿着孝水岸边向上游走去,足足走了大半日,终于到了位于孝妇河上游的秋口,见到了母亲。之后,范仲淹经常从长山步行到秋口去探望母亲,而母亲也时常站在孝妇河岸边,朝着下游的方向张望,直到朱文瀚把范仲淹接到秋口来念书。范仲淹的母亲有时候需要回长山朱家料理家事,这时候范仲淹又会从秋口沿着孝妇河回到长山去探望。范仲淹的行为感动了邻里,他们都对范仲淹赞颂不已。

在那个时候,下层官员的俸禄很低,朱家的家境十分窘迫,甚至有时候连维持基本的生活都有一定的困难,所以范仲淹早年读书期间过得也非常艰难,经常出现三餐难以维持的情况。不过即便如此,朱家在经济上也给予了范仲淹最大的支持,这点从范仲淹后来外出游历、学习音律、广交名士上便可以看得出来。

范仲淹在仕途上崭露头角之后,因念当年继父朱文瀚对自己的恩德,也常常照顾朱家的子弟,并且对他们多有提携。据史料记载,范仲淹"性至孝,虽改姓还吴,仍念朱氏顾育恩,乞以南郊封典,赠朱氏父太常博士,朱氏子弟以荫得官者三人。并于孝妇河南置义田四顷三十六亩,以赡朱族"。

范仲淹十几岁的时候意外得知了自己的身世,他思考了许久,收拾行囊,挥泪告别母亲,并向母亲承诺以十年为期,待中举后就来接母亲回去奉养,然后便独自一人千里迢迢到了应天府。知道了身世之后的范仲淹学习更加刻苦,他在感觉疲倦的时候,就用冷水洗脸,强迫自己清醒,然后只要清醒一点就开始继续读书,时常废寝忘食。

功夫不负有心人。宋大中祥符八年(1015年),范仲淹考中进士,被任命为广德军(现安徽广德县一带)司理参军。他想做的第一件事就是把母亲接过来奉养,与范仲淹一同应试的同窗好友劝道:你先到广德任上之后,再派人去接你的母亲,不更好吗?可是范仲淹却说:五年前,我辞别母亲的情景尚且历历在目,我与母亲约定好十年之内接母亲的话仿佛还在我的耳畔回响。我日夜思念母亲,只想把这个喜讯尽快告诉她,想让母亲快些结束这种日夜思念所带来的煎熬。当初我与母亲相约十年,如今仅仅过去了五年,派人过去按恐怕母亲不信,我想我还是亲自回去接母亲过来。

范仲淹的母亲,数年不见儿子,经常因想念儿子而哭泣,面容憔悴,双目几近失明,整个人看起来非常苍老了,范仲淹看到后非常难过,而范仲淹的继父朱文翰早就因为生病离开了人世。范仲淹告诉母亲,他已经高中进士,而且也有了官职,现在要接母亲同自己一同去任上,今后好生奉养母亲。

范仲淹此次不仅仅是为了接母亲,连朱家的那些异姓兄弟也一起接走。范仲淹带着母亲和朱氏弟兄们很快启程,并在应天府同窗好友的帮助之下，安顿好了母亲与朱氏兄弟在宁陵的新家。

多年以来，范仲淹一直用的是"朱说"这个名字，直到接回母亲，才在母亲的要求下上表朝廷，将自己的身世告知，奏请认祖归宗、恢复范姓。他在奏请表中写道："志在投秦，入境遂称于张禄；名非霸越，乘舟乃效于陶朱。"这句话的意思是，在先秦的时候，范雎为了避难改名叫张禄，入秦拜相；范蠡在帮助越王勾践灭掉吴国之后改名陶朱公隐居起来。范仲淹以这两个典故来表达自己想要恢复范姓的请求，情切之处打动了宋真宗，得到了宋真宗的同意。因为南朝文人江淹与自己命运相似，范仲淹就给自己取了"仲淹"二字为名。又因江淹的文章誉满天下，让范仲淹十分钦佩，希望将来的自己也能够像江淹那样有所成就，于是给自己取了"希文"二字为自己的字。

宋天圣二年（1024年），范仲淹担任兴化县令，主持修复捍海堰工程，工程进行到关键时刻，母亲病重的消息传来。尽管他当时公务缠身，诸事繁忙，可是他依然在妥善安排好工程的相关事宜之后，马不停蹄地赶回宁陵照料母亲。可惜，两年之后，母亲病逝，范仲淹悲痛万分，立刻上奏朝廷，回家为母亲守孝三年。他亲自操持母亲的后事，并将母亲在宁陵安葬好。

宋天圣九年（1031年），范仲淹决定要迁葬母亲，于是上书皇帝，求皇帝封赠母亲，他写道："今为迁奉在近，未曾封赠父母。窃念臣在襁褓之中，已丁何怙，鞠养在母，慈爱过人。恤臣幼孤，悯臣多病，夜扣星象，食断荤茹，逾二十载，至于其终。又臣游学之初，违离者久，率常殒泣，几至丧明。而臣仕未及荣，亲已不待，既育之仁则重，罔极之报曾无，夙夜永怀，死生何及……乞移赠考妣……"一字一句，皆令人闻之落泪，也道出了范仲淹对母亲的感激与爱，让人感叹不已。

范仲淹的一生之中，最让他遗憾的就是母亲的过早离世。范仲淹在给自己孩子的信里写道："吾贫时，与汝母养吾亲，汝母躬执爨，而吾亲甘旨，未尝充也。今得厚禄，欲以养亲，亲不在矣。"范仲淹早年的官位较低，俸禄也不高，生活较为贫苦，那时候他与妻子一同侍奉母亲，妻子往往会亲自下厨而且对范仲淹的母亲也很恭敬，他们生活得很开心、很幸福，只可惜当时的生活条件并不宽裕。现在他有了很高的俸禄，很想好好地去奉养母亲，可惜母亲已经不在了。

所谓百善孝为先，正是因为重视孝道，范仲淹也才有了忧国忧民的伟大胸怀。

当政：建学府，聘名士，精贡举，纳贤良

范仲淹十分重视教育和人才的培养。他在广德任职期间，就已经有所作为。据《广德州志》记载，最初，广德并没有读书学习的风气。面对这种情况，范仲淹决心要改变。他利用自身的影响力，多方筹集，终于在县城的北边建起了一所学堂。范仲淹还重金聘请三位当时的名士来当老师。在范仲淹的努力下，教学规模逐渐扩大，当地读书的风气也越来越盛。在州志的记载中，这个时期广德考出了第一位进士，而此后也陆陆续续有人在科举中扬名。

宋景佑元年（1034年），范仲淹到任苏州，除了治理水患颇见成效之外，还修建了学校。苏州物产丰富、风景秀丽，又是范仲淹的故里，范仲淹就生出在此处定居的念头。他购置了南园旁边的一块土地，打算修建新居。此处位置极佳，与名园沧浪亭相望。范仲淹请了风水先生来看，风水先生看完后告诉范仲淹：此地位于卧龙街上，街北是北寺塔龙尾，而南苑正好处于龙头的位置，这是苏州城的一块风水宝地，如果在这里修建宅院，子孙后代一定会科举及第。没想到范仲淹听了风水先

生的话之后，说："吾家有其贵，孰若天下之士咸教育于此，贵将无已焉。"他认为与其自己家里出大人物，不如全天下的人都可以在这里受到教育，那么就会出更多的大人物了。

于是范仲淹奏请朝廷修建学校，朝廷便给他批了五顷土地。范仲淹就把自己那块打算用来修建私宅的南园之地贡献出来，作修建府学之用，并且把此地建为"义学"。府学建成之时，很多人还认为学校的规模过大，但是范仲淹却说：恐怕过些日子，反而会嫌这里太小了。而事实最终证明，范仲淹的确是目光长远。

在范仲淹看来，想要推广教育，老师尤为重要。"文庠不振，师道久缺，为学者不根乎经籍，从政者罕议乎教化"，所以，范仲淹写信给当时的名士胡瑗，希望胡瑗"为苏州教授，诸子从学焉"；给孙复写信，希望孙复来"讲贯经籍，教育人材"。

苏州府学建立以后，整个国家掀起了一股办学的热潮，各地学校纷纷拔地而起，大大促进了教育事业的发展。

后来，范仲淹得罪了当朝宰相吕夷简被贬到饶州当知府。他到任之后就为州郡学校选定了新校址，并且建了新的校舍。这里风景秀美，环境清幽。新学校建立之后，不少学生慕名而来，学生越来越多，当地的教育也日益兴盛。饶州郡学里有十八棵柏树，当地人称"范公柏"。据说当地流传着这样一句范仲淹说的话：等到这些柏树的树枝垂到地面之时，我会再次来到这里。这也表明了当地百姓对范仲淹深深的怀念。

当时饶州民风彪悍，官员也时常欺压百姓。自从范仲淹在这里担任知府以后，饶州的民风得到了彻底改变。当地的军事推官刘牧为官廉洁公正，为人爽朗耿直，他听说范仲淹来饶州为官，兴奋地说：这就是我的老师啊！然后他向范仲淹学习，也得到了范仲淹的称赞。

之后，范仲淹离开饶州，前往润州任职。范仲淹在润州任职的时间很短，只有不到一年，却依然是关心当地的教育。范仲淹兴建了润州郡学，并且给学者李觏写信，希望李觏可以到润州郡学教授学生。范仲淹为李觏安排得十分周全，连对方家眷也一应照料。两个月以后，范仲淹再次给李觏写信，殷切敦促李觏前来润州郡学任教。范仲淹对教育的重视可见一斑。

范仲淹担任参知政事期间，提议"精贡举"。他认为现在的科举制度存在许多不合理的地方，是在逼迫天下文人"舍大方而趋小道"，虽然官场上人员众多，但是真正有才学的人却"十无一二"。而国家现在的教育和科举的重点应该是"教以经济之业，取以经济之才"，由此他提出建议：在全国各地开办官学培养人才，同时，邀请有学识的人教授学生。而科举考试则"先策论而后诗赋，诸科墨义之外更通经旨"，也就是要求考生更注重策论而诗词歌赋排在其后，在知道诸科经义之外更需要通晓其所表达的内涵。只有这样才能让人不专注于华丽的辞藻，而是做到知晓理政之道。第二年，朝廷颁布了诏令，实行了范仲淹的针对科举的这一变革主张。

范仲淹有着丰富的官场阅历，而且他向来注重治国之道，在他看来，网罗天下人才是他义不容辞的责任，也因此，他一直都十分留心各类人才。

范仲淹在杭州为官期间，向朝廷举荐的人才也非常多。据说当时唯独巡检苏麟没有受到举荐，于是苏麟还写了首诗给范仲淹，诗中写道："近水楼台先得月，向阳花木易为春。"范仲淹一看，便向朝廷举荐了他。

范仲淹任职尚书礼部侍郎的时候，向朝廷举荐张升取代自己，他说张升"清介自立，精思剧论，有忧天下之心，纯诚直道，无让古人之节"。同年，范仲淹向朝廷举荐了民间学者李觏。范仲淹与李觏相识数十年，十分赞赏李觏的学识和为人，他在荐举状中写道："建昌军草泽李觏，前应制科，首被召试，有司失之，遂退而隐，竭力养亲，不复干禄，乡曲俊异从而师之，善讲论六经，辩博明达，释然见圣人之旨。著书立言，有孟轲、扬雄之风，实无愧于天下之士。"同时，范仲淹将李觏所作的《礼论》七篇、《明堂定制图序》一篇、《平土书》三篇、《易论》十三篇一并呈报给了朝廷。到了第二年六月，范仲淹再次上书朝廷举荐李觏，这一次得到了朝廷的回应，七月之时，李觏被授将仕郎，试太学助教。

范仲淹到任枢密副使之时，江淮一带漕运停滞，导致京城中的军粮储备严重不足，这一状况让二府大臣心急如焚。此时范仲淹接连两次上疏举荐中丞监在京榷货务许元，认为许元"才力精干，达于时务""智识通敏，可干财赋，复能爱民，不为侵刻"，可以将他派往江淮等地，委以重任。同时推荐张去感到京城接替许元的职务，获得了朝廷的同意。许元到任之后，做了一系列的布置和调度，南方的粮食立刻就络绎不绝地运往京城，京城很快就储备到了足够的粮食。

在范仲淹被朝廷指派将要奔赴陕西、河东前线主持军政大局的时候，他向朝廷举荐蔡挺到边疆效力。蔡挺"诡谲多计，人莫能得其情实"，但的确是一个不可多得的军事人才。

在范仲淹看来，当政之人虽然想尽可能的使用人才，但是因为个人的喜好和憎恶，时常会在用人的问题上有失公允，只有像诸葛亮那样，用那些与当政之人好恶与性情都不相同的"度外人"，才能够真正做好国家大事。

以收成比俸禄，以恩赏惠穷苦，以清廉核官吏

范仲淹纵横官场几十年，从地方要员到朝廷重臣，一直都清廉奉公，甘于清贫，守正为官，思君报国，并且还乐善好施，甚至"殁之日，身无以为敛，子无以为丧；惟以施贫活族之义，遗其子而已"。就是说范仲淹去世的时候，连身像样的殓服都没有，子女也没有钱给他办丧事，他传给子孙后代的只是乐善好施和惠及族人的义举而已。

范仲淹从来不迷恋富裕的生活，也不觊觎不义之财。当他还住在睢阳朱家的时候，认识一位术士，他经常同这位术士来往。后来有一天，术士生病了，自觉命不久矣，便请人叫来了范仲淹，告诉他：我擅长把水银炼成白金，我儿子年幼，不能把这个方法托付给他，我现在把它交给你。于是这个术士就把秘方还有一斤白金封好，放到范仲淹手中。范仲淹正要推辞，却不想此时术士气绝身亡。范仲淹无奈，只得收好。当时的范仲淹生活困苦，有时候吃了上顿没下顿，可是即使如此，他也没有动过这一斤白金，更不用说那个秘方了。几十年之后，范仲淹当了谏官，术士的儿子也长大成人，于是范仲淹命人找来

了术士的儿子,告诉他:你的父亲身怀绝技,当年他去世之时你还年幼,就托我保管秘方,现在你长大了,我也应该把东西归还给你了。于是,范仲淹拿出秘方和那一斤白金,交到术士儿子的手上。物品原封未动,赫然还是当年术士封好时候的样子。

范仲淹中进士的时候,要回故乡接母亲,当时差人听说后便给他筹集了一笔钱财以作行资。但是范仲淹却无论如何也不收,差人不理解,问道:大人您刚刚上任,手头并不宽裕,这里距离您家足有千里,没有路费可不行呀。范仲淹向他解释道:我还有一匹马,可以将马卖掉,这样不就可以有足够的路费了吗?差人惊讶道:您把马卖了可怎么赶路呢?还是收下这笔银子吧!范仲淹摇摇头,笑着说道:我还有两条腿,马卖掉了,我徒步回家去。面对范仲淹如此坚决的态度,差人无法,只得卖掉了那匹马。

范仲淹认为"不矜细行,终累大德"。他为官之时,时时自省,一直提醒自己要廉洁奉公、清心洁行。

他在《上资政晏侍郎书》中说:我现在官职小,俸禄也很低,但是每年的俸禄有三十万,我认为一亩地能收获的粮食不超过一斛。在收成中等的年份,一斛粮食也就能卖三百金,三十万则需要千亩田地的收入。如果是收成不好的年份,那我一年的俸禄就是两千亩田地的收入!他认为,如果自己没有功绩白白拿这些俸禄,那么就是"上天和百姓的蛀虫",就会给自己带来灾难,给子孙后代留下祸患。

范仲淹将自己一年所得的俸禄与百姓辛苦一年的劳动收入

做了对比，他认为，如果在其位却不为民办事，那就对不起自己所拿的这份俸禄。如果为了一己私欲中饱私囊，则更是万万不可为之。

如果范仲淹少年时代忍受困苦来磨炼自己是无奈之举的话，那么在入仕为官甚至身居高位之后仍旧可以保持这种廉洁奉公的作风，那就是真正的自律了。欧阳修曾经在《资政殿学士户部侍郎文正范公神道碑铭并序》中写道："公为人外和内刚，乐善泛爱。丧其母时尚贫。终身非宾客，食不重肉。临财好施，意豁如也。及退而视其私，妻子仅给衣食。"

范仲淹从入仕到官居参知政事，直到他去世的这几十年之间，他从来没有增加过一名仆役。而且由于范仲淹一直都奔波于各地任职，长期过着居无定所的日子，到去世也没有给自己置办过一处房产。宋仁宗赏赐了范仲淹百两黄金，可是他却一点儿都没有花在自己身上，除了接济穷苦之人，就是兴建地方学校。

范仲淹在越州任职的时候，还留下了一段佳话。当时越州户曹孙居中去世，他家境贫寒，子女也都十分年幼，范仲淹就拿出自己的俸禄去帮助他们，并且还雇了一艘船，派人把孙居中的灵柩和家属送回了故乡。同时作了一首七绝诗："十口相将泛巨川，来时暖热去凄然。关津若要知姓名，定是孤儿寡妇船。"范仲淹吩咐自己派去的人将这首诗出示给沿途的关津守吏看，以此要求沿途官吏放行并且予以帮助。

范仲淹在举荐人才的时候也以清廉为标准。当初举荐张伯玉的时候，他写道："臣窃见张伯玉天赋才敏，学穷阃奥，善言皇王之治，博达今古之宜，素蕴甚宪。清节自处，若不如所举，臣甘俟朝典。"在举荐许渤、李宗易的时候，范仲淹也是对他们的清廉称赞不已。

不仅如此，范仲淹考核官吏也以清廉为标准。庆历新政时期，范仲淹负责对官员的为官政绩、能力、名望等方面进行考核。范仲淹对于政绩斐然、清正廉明的官员予以升迁；对于那些枉法犯罪的官员统统降黜。当时范仲淹审查各路监司的名册，一旦发现有犯私罪的官员，便将其名字从名册上一笔划掉，就这样毫不手软地把地方上一批不才者罢黜了。面对这样的情景，当时的枢密副使富弼于心不忍，他对范仲淹说一笔勾掉一个名字非常容易，殊不知有一家子人要哭了啊！范仲淹听了这话，拿笔指着那些官员的名字说道：他一家哭总比一路（宋代行政区划名称，相当于地区行署）的百姓哭要好！

范仲淹认为，只有这样才能做到正本清源，不让那些贪赃枉法之人迫害百姓，不让那些偷奸耍滑、贪婪奸佞的小人混入官员之中。为官之人只有自己以身作则，公正廉明、爱民如子，才能有所成绩，才能让百姓爱戴。

先天下之忧而忧，后天下之乐而乐

范仲淹尚未入学之际，他的母亲和继父就对他进行了很好的启蒙教育。他们给范仲淹讲了许多古代圣贤的故事，范仲淹每次都会认认真真地听，然后记在心里，并且还常常思考。

后来，继父将范仲淹送去长山学宫读书。长山学宫的旁边有一座庙宇，香火非常旺盛。有一天中午，庙里挤满了人，都说是神仙显灵了。于是这些人纷纷前来上香，求签问卦。据说，这位神仙能断吉凶祸福，还能通晓前程未来。在学宫读书的学子们感到十分好奇，于是随人流进了庙宇同上香祈愿者一起求签问卦。

范仲淹也走到一个相士面前，抽了一签递给相士，并问道：将来我可以当宰相吗？那个相士看了看手里的签，回答道：不能。附近的人听到他俩的对话，惊疑的目光纷纷投向他们。范仲淹不为所动，他又问那个相士：如果不能当宰相，那可以当个良医吗？那个相士愣住了，过了很久，他回答道：不能。于是范仲淹叹息道：夫不能利泽生民，非大丈夫平生之志也。

在范仲淹看来，一个有才能的人，要想给天下百姓谋福，莫过于当宰相，可是如果当不了宰相，就只有当一名技艺高超的大夫，这样上可以辅佐君主社稷，下可以救助贫困百姓，中可以安身立命。显然，范仲淹的志向就在于"利泽生民"，而他的一生，也都在为之奋斗。

初入仕途的范仲淹一开始就显现出了尽心为民、刚正不阿的品质。他办事十分仔细认真，审理案件的时候，从来都不会冤枉好人或者是放走坏人。但就因为这样的性格，范仲淹经常与上司发生冲突。

据《广德州志》记载，范仲淹常常抱着那些案件的文书与太守争论，有时候吵得不可开交，导致太守大发雷霆。可即便是这样，范仲淹也依然不卑不亢，也从不因为太守冲他发脾气就屈从。范仲淹还常常在争论过后，将争辩的内容写在屏风上，等他调离的时候，屏风上已经密密麻麻写满了文字。

宋天禧五年（1021年），范仲淹调任泰州，在泰州任职期间，他发现海堤残破不堪，已经不起作用，周边的百姓苦不堪言。于是他向泰州知州张纶进言，请求修复捍海堰工程，得到了张纶的支持。但是，工程才刚开始，就遭遇了罕见的风雪天气，汹涌的海水带着滔天的巨浪，冲毁了刚刚开始修复的海堤，有上百施工人员被无情的海水吞没，其余的士兵和民工见此情景纷纷逃离，现场一片混乱，一时之间人心大乱。而此时的范仲淹神色镇定，他与泰州军事判官滕宗谅一起指挥大家有秩序地撤离，并向大家分析其中的利弊，这才使得人心稍微安定下来。

可是这时候却有一些不怀好意的人四处散播谣言,谎称这里死了好几千人,于是朝廷派淮南转运使胡令仪前来调查。胡令仪曾经在这里任职海陵知县,他在视察之后感叹道:当年这里田地肥沃,百姓生活富裕,到处都是欢歌笑语。如今这里却被海水淹没了,真是令人叹息。胡令仪非常支持范仲淹的建议,还亲自参与了海堤修复工程。只可惜,当工程再度开始的时候,范仲淹的母亲去世,范仲淹悲痛万分,辞去官职回家守孝,之后的工程由张纶负责完成。不过,当地民众依然感念范仲淹这一功德,甚至许多人改姓范来纪念他。

范仲淹崇尚儒家思想,以儒门圣贤作为自己的行为榜样。儒家思想内涵丰富,十分注重人的道德情操培养。《礼记》中说"修身以道,修道以仁",《论语》中也言"克己复礼为仁",因此,范仲淹十分重视人品道德修养。据史料记载,范仲淹"每感激论天下事,奋不顾身,一时士大夫矫厉尚风节,自仲淹倡之"。范仲淹也在《家训百字铭》中写道:"处世行八德 修身率祖神。儿孙坚心守 成家种义根。"

宋景祐三年(1036年),范仲淹绘制了一幅《百官升迁次序图》进献给仁宗皇帝,该图生动形象地标明了当时官员升迁的次序。范仲淹说:"某为超迁,某为左迁,如是为公,如是为私,意在丞相。"直言当时那些不按照次序升迁的都是宰相吕夷简从中做了手脚,惹得吕夷简勃然大怒。

当时朝中讨论迁都洛阳的问题,范仲淹对迁都提出了反对意见。宰相吕夷简深得仁宗皇帝信任,"圣眷正隆",于是仁宗就此询问他的意见，吕夷简趁机对仁宗说：范仲淹这个人追逐名利太过迂腐，说话没有什么实际内容。范仲淹也不甘示弱，再次上书仁宗，矛头直指吕夷简。吕夷简忍无可忍，于是在仁宗面前指责范仲淹"越职言事，荐引朋党，离间君臣"。

仁宗虽然喜欢范仲淹，但是却更加依赖吕夷简，于是在这场争斗中，范仲淹被罢免了京中职务，贬到了饶州担任知府。

范仲淹的好友梅尧臣得知此事写了《啄木》和《灵乌赋》给他，劝范仲淹学喜鹊那样只做报喜之鸟，而不要像乌鸦那般报凶而招人嫌弃，为自己招惹是非。面对好友的劝诫，范仲淹也作了《灵乌赋》回给梅尧臣，他在《灵乌赋》中表明自己"宁鸣而死，不默而生"。文中还以孔子和孟子为榜样，这些儒门圣贤都有着坚定的信念和道德准则，他们在逆境中不曾放弃自己的理想与坚持，一直都以行动来证明自己。而范仲淹也同这些先贤一样，从修身开始，力求自己在实践中可以有所作为，多做一些利国利民之事。

范仲淹年少时期存在"或为良相，或为良医"的理想，步入仕途之后也依然不改初心，始终坚持着报国利民的志向。《岳阳楼记》中"先天下之忧而忧，后天下之乐而乐"，正是他内心的真实写照。范仲淹的好友韩琦说他"竭忠尽瘁，知无不为"，还说"天下正人之路，始公辟之"。

一朝入仕三十载，范家义庄八百年

范仲淹年少之时家境贫寒，读书时经常出现三餐不继的情况，而这样的经历让范仲淹对民生的关注也就更多了些。在进入仕途、位极人臣之时，他依旧保持着简朴的生活习惯，平日里吃的是粗茶淡饭，只有在宴请他人的时候，饭桌上才会出现一些肉食。庆历新政之时，范仲淹的改革中就包括"厚农桑"和"减徭役"这两条，可见他对利民养民的重视。

范仲淹晚年到任杭州的时候，已经有了退闲养老的意思。他的子女看出了父亲的想法，纷纷劝他在洛阳置地修园，颐养天年。可是范仲淹却对此表示反对，他说：人如果获得了道义上的乐趣，那么还会在乎有没有为在外的身体建造房屋吗？我现在担心的是身居高位，国事太过繁忙无法退休，而不是担心退休之后没有房屋可以居住。他又说：在洛阳有很多士大夫们修建的园林，我如果要去他们的园林游玩，他们还能不同意吗？何必一定要修建自己的园林呢？最后他表示：我毕生积攒的俸禄，大部分都应该拿出来用以接济苏州的范氏族人。你们要听我的话，不要再考虑修建自家房屋的事情。

想当初，范仲淹想要恢复范姓，认祖归宗，苏州范氏族人害怕范仲淹分他们的家产而多有阻挠，但是范仲淹却以德报怨，他拿出了自己毕生的大部分积蓄在老家苏州购置了千亩良田，设立了义庄。《宋史》中有记载，说范仲淹"好施予，置义庄里中，以赡族人"。

范仲淹不仅在苏州老家设立了义庄，还在淄州长山购置了四百多亩义田，以报答朱氏家族对他的养育之恩。义庄的规矩也是由范仲淹亲自定下的，内容涉及全族男女老幼，包括奴婢在内，对粮食、布匹、钱财上的领取方式、监督管理等方面都进行了规定。

义庄规矩中值得注意的是：义庄虽然主要是周济宗族，但是对姻亲和同乡也有照顾，而且对无收入的妇女特别照顾，对再婚的妇女也没有任何歧视。同时，凡是范氏族人，无论贫富一律都予以发放。范氏义庄设立以后，朝中官员纷纷学习仿效范仲淹，在自己的家乡设立义庄。不过，之后的义庄基本都是针对贫困的族人。

范仲淹的儿子们也都继承了父亲的遗愿，光大了父亲这一善举。除长子范纯祐因去世过早没有参与之外，其余的三个儿子范纯仁、范纯礼、范纯粹都在完善义庄上投入了精力和钱财，一直积极地参与义庄事务，完善义庄的规矩。尤其是官至宰相的范纯仁，他官位高过了父亲范仲淹，所得俸禄也多，他像他父亲一样毕生节俭，人称"布衣宰相"，他把积攒下来的财物，全部都投入到了义庄的事务中。

在他们兄弟三人中，范纯仁不仅仅是投入人力、物力最多的，而且对于义庄规矩完善的贡献也是最大的。北宋治平元年（1064年），范纯仁还因为义庄事务上书朝廷："今诸房子弟有不遵规矩之人，州县既无条敕，本家难为申理，五七年间，渐至废坏，遂使饥寒无依。伏望朝廷特降指挥下苏州，应系诸房子弟有违犯规矩之人，许令官司受理。"范纯仁的意思是，如今宗族内各房子弟不遵守义庄的规矩，加之官府无法插手，本家实在难以对这些不守规矩的子弟进行管理，导致义庄在这五六年间渐渐衰败，使得那些本就贫穷的族人没有了依靠，希望朝廷可以让苏州官府将义庄的规矩作为法律条令来执行，这样如果再有不守规矩的子弟也可以让官府受理，追求其责任。英宗皇帝一直都佩服范仲淹，对于范纯仁的请求自然是欣然同意，立刻就下达了旨意。如此一来，义庄就有了朝廷作为依靠，在政治上有了保障。

范纯仁特地将父亲范仲淹为义庄制定的规矩刻在了石碑上，并且将其立在了天平山的范仲淹祠堂旁，要求子孙后代都要遵守这些规矩。而对于义庄规矩的修订，有记载的一共有八次，其中仅范纯仁就修订了四次，至于另外四次分别是：范纯仁跟弟弟范纯礼、范纯粹三兄弟共同修订一次，范纯仁跟范纯粹两人修订一次，范纯粹独自修订两次。其中最为重要的两条是范纯仁所修订的，是关于参加科举考试的子弟和品行文采出众担任教师的子弟的待遇，这也体现了范纯仁秉承了父亲范仲淹重视教育培育人才的思想。

之后的范氏族人也有许多热心于义庄建设事业的人，范仲淹的五世孙范之柔同他的兄弟范良器等就曾经重新整顿义庄。在他们的多方奔走、不懈努力之下，义庄终于恢复了原本的规模。在此之后，当时任职左司谏的范之柔还不放心，于是效仿当年范纯仁的方式，将恢复义庄的过程和义庄的规矩上奏给了朝廷，请求"特颁睿旨札下平江府"，以此保证义庄的新规旧约得以顺利执行。而范之柔的这一行为也得到了皇帝的赞赏，并且下旨实施。

不仅如此，朝廷还给予范氏义庄各个方面的照顾和优待，比如免除了范氏义庄所应当承担的差役和部分赋税。除此之外，范氏义庄所在地的历任地方官都对范氏一族以及范氏义庄多有优待和尊崇，甚至官府还在范氏义庄的旁边修建了范仲淹祠堂，这无疑大大提高了范氏义庄和范氏一族的地位，而且当时许多名士都写文章来赞扬范氏义庄，使得范氏义庄的声名远扬。就这样，范氏义庄一直持续稳定地发展了下去。范之柔与范良器兄弟大力恢复义庄原本规模的举动养活了大约四百五十口族人，这个人数已经是最初范仲淹创立范氏义庄时候的五倍了。

纵观古今，有多少大家族仅仅维持了两三代就走向衰败。而范仲淹设立的范氏义庄维持了整个范氏家族的基础经济保障，不仅保护了范氏一族的族人，更减轻了国家的负担。这样一来不仅得到了国家的支持与保护，更使得家族地位可以稳固持久，这也是范氏义庄能够持续八百多年的重要原因。

勤俭贤良：布衣宰相范纯仁

范仲淹在《训子弟语》中写道："立身莫歪，子孙看样。"范仲淹一直都严格要求自己，治家十分严谨，对子孙的教育从不懈怠，也给子孙树立了一个良好的榜样。范仲淹"常以俭廉率家人，要求家人畏名教，励廉耻，知荣辱，积养成名"。《宋史》本传中也有记载："以母在时方贫，其后虽贵，非宾客不重肉。妻子衣食，仅能自充。"

范仲淹一直都教导自己的子孙要生活节俭、甘于清贫。范仲淹还时常告诫他们，除了要"慎未防微，各宜节俭"，还要"不得欺事""清心做官，莫营私利"。他认为，"居官临满，直须小心廉洁。稍有点污，则晚年饥寒可忧也"。

当时，范仲淹的二儿子范纯仁要成亲，新媳妇还没娶进门，范仲淹就听说新媳妇要带来的嫁妆里有绫罗做的帐子。于是他对范纯仁说道：绫罗绸缎怎么可以拿来做帐子呢？我们家向来勤俭，不可因为这顶帐子就败坏了门风。若非要将这帐子带来，那我就在院中将它烧掉。几日之后，新媳妇过门，果然没有带绫罗帐子。

在范仲淹的教育和影响下，范纯仁也同他的父亲一样乐善好施。范仲淹在睢阳为官时，有一回吩咐范纯仁去苏州老家运一船麦子回来。运送麦子的船只路过丹阳，暂时停靠，在这里范纯仁遇到了熟人石延年。范纯仁问石延年为何在此地停留，石延年告诉范纯仁，他的亲人去世了，但是他却没有钱运送亲人的灵柩回老家安葬，又因借贷无门，只好在此地停留。范纯仁听罢，就把他运送的这一船麦子送给了石延年，以此作为石延年回家的路费。范纯仁两手空空地回去向父亲禀明了这件事。范仲淹听完问他：为什么不把我们家的麦子赠予他？范纯仁说：我已经给他了。范仲淹一听，夸赞范纯仁"汝已得我家风矣"，还鼓励范纯仁"好甚为之"。当时的范纯仁只有十几岁，已经颇有他父亲范仲淹的风范。

范家俭朴好施的家风一直保持着。后来，范纯仁中了进士，并一路升到吏部尚书、尚书右仆射兼中书侍郎，也就是宰相，也依然牢记父亲的教导。有一次，范纯仁留同僚晁端在家里吃饭，该人吃完回去之后，就对众人说：哎呀，真是可惜了，范丞相家的家风被败坏了。众人好奇地问起其中缘由，他说：他们家平日里吃饭都是青菜豆腐，可是这次留我吃饭，饭菜里面居然放了两小块肉，这可不就是他的家风败坏了吗？众人听完大笑。

范纯仁任职西京留职御史台的时候，司马光也恰巧在洛阳谪居著述，这二人都是简朴清廉的代表。有一天，范纯仁来到司马光的府上做客，司马光与往常一样只是粗茶淡饭地招待，并没有刻意拿出荤腥菜肴。范纯仁感慨道：这样招待朋友多好，我非常喜欢。司马光不解，问道：此话怎讲？范纯仁说：朋友相交贵在相知，贵在交心，而非体现在吃喝上，这样为人坦率多好！司马光赞同地点头，说道：说得对，朋友之间就应当真诚坦率才是。于是他们效仿唐代文人"真率会"，共同订立一些条约，比如聚会的人按照年纪排序而非官职、一桌饭食的种类不超过五种等。他们崇尚节俭，更注重的是精神上的交流。他们纵古论今，吟诗作对，率真实在，"皆好客而家贫，相约为真率会，脱粟一饭，酒数行，洛中以为胜事"。

范纯仁认为，只有节俭能够促使人廉洁奉公，只有宽恕能够使人有良好的德行。范纯仁的儿子范正平在爷爷和父亲的影响和教育下，自幼读书勤奋，学习认真刻苦，所穿所用甚至还不如普通百姓家的孩子。他在离城二十里外的果林寺读书，与平民百姓家的孩子共在一处，每日上下学都是步行，只有一把破旧的扇子用来遮挡炎炎烈日，以至于旁人都看不出来范正平是当朝宰相的儿子。

范纯仁还是一个相当孝顺的人。因为父亲范仲淹为官政绩卓著，所以范纯仁在考中进士之前就被授为太常寺太祝，但范纯仁并没有上任。后来，范纯仁进士及第，调任武进县知县，范纯仁又以武进县距离双亲太远而没有前去赴任。于是朝廷又改派他为长葛县知县，结果范纯仁仍然不去赴任。这时候连范仲淹都觉得不解，他问范纯仁：你以前因为任地离家太远不去赴任，如今长葛县离家相距不远，为什么还是不去赴任呢？范纯仁回答道：我怎么能够以禄食为重，轻易就离开父亲和母亲的身边呢！虽然长葛县离家不远，但是这仍然不能完全实现我的孝心啊！

就这样，范纯仁一直在双亲身边侍奉，直到范仲淹去世之后才正式步入仕途。范纯仁一直秉承父亲的为官理念，他不畏权贵，刚正不阿，廉洁奉公，忧国忧民。

范纯仁在襄邑当知县的时候，有一个卫士在他辖区内的一处牧场里牧马，任由这些马踩踏百姓的庄稼。范纯仁得知此事，立刻派人将这个卫士抓起来并处以杖刑。当时牧场并不归县内管理，有牧场官员出来指责范纯仁说：这可是皇上的宫廷值宿护卫，你不过是一个小小的知县而已，谁给你的胆子，敢这样处置？！并且将这件事情上报给了神宗皇帝，想要皇帝治范纯仁的罪。范纯仁在神宗面前义正词严地说道：供养军队的财物都是从百姓所上缴的田税里出的，如果就这么放任他们糟蹋百姓的田地和作物，那百姓们又怎么去耕种，又拿什么来缴纳税钱呢？神宗皇帝听了范纯仁的话，对他大加赞赏，不仅没有处罚他，反而把牧场交给襄邑县统一管理。

范纯仁出任庆州知州时，秦中一带正闹饥荒，他立即下令打开常平仓放粮赈灾。下属劝他先将此事上奏朝廷，可是范纯仁却说：若是等朝廷批复下来，恐怕已经来不及了。此事无须过虑，若是朝廷怪罪下来，我一力承担。后来有不怀好意之人污蔑范纯仁，说他救助的灾民数量与实际不符，于是神宗命人查办。当时正值秋收，丰收的百姓们感念范纯仁的救命之恩，纷纷表示：您是为了我们才这样做的，要不是您我们怎么能活命呢？为了不连累范纯仁，百姓们昼夜不停地送粮到常平仓。等到朝廷派的人到了庆州，常平仓的粮食已经全部都补上了。

之后，范纯仁调任齐州知州。当时齐州民风彪悍，百姓好勇斗狠，肆意偷盗抢劫，治安非常差，衙门的监狱里关满了犯人。这些都是一些犯了偷窃罪的屠户、商贩之类，关押在这里等待赔偿处罚。范纯仁就问：为什么不能让他们保释之后再缴纳赔偿金呢？通判官回答道：这些人都是惯犯，一旦被释放出去，又会再犯。通常官府会将他们一直关押在这里，直到他们因为疾病死在牢狱之中。这也算是为民除害了。范纯仁却认为严惩是无法持久的，用此来管理这些凶悍的百姓，会使得他们更加顽劣，只有宽容才能让他们真正的悔改。他说：依照我朝律法，他们罪不至死，若是因为这样的理由就让他们死在狱中，那就不是依法处置了啊。于是范仲淹就命人将这些犯人全部带到官府庭前，对他们进行了一番训诫，让他们改正自身的错误，重新开始做人，之后就把这些人全部都释放了。一年以后，齐州的盗窃案果然减少了一大半。

《宋史》对范纯仁给予了高度的评价："纯仁性夷易宽简，不以声色加人，谊之所在，则挺然不少屈。自为布衣至宰相，廉俭如一，所得奉赐，皆以广义庄；前后任子恩，多先疏族。"

第五章 欧阳修家训：尊崇孝悌，学贵以恒

欧阳修的家族出自春秋时期越国王室，经历无数的战乱和朝代的更替，几度兴衰，但终得以保存，并在太平年间多次繁荣，这与欧阳家族数代族人历经家风家训的教导是分不开的。

欧阳修是"唐宋八大家"之中宋朝六位文人之首，这得益于他在政治和文坛上的领袖地位，其他五人不是欧阳修的学生，便是欧阳修所举荐的后辈，因此可以说欧阳修乃是宋朝以来的文人领袖。

欧阳修的家训从为人处世和自身德行两方面来训诫后代子孙，并将孝悌作为重中之重。欧阳修所著的《诲学说》就是他用来教导后代子孙的家训。他将自己从父辈、祖辈那里得到的教诲用这一篇文章传给自己的儿孙，希望他们在以后即便不能成为伟大的人物，也要懂得为人的道理。

立身，立功，以显父母

欧阳修4岁的时候，父亲因病去世了，留下他与母亲和妹妹。欧阳修的父亲欧阳观为官清廉，家资不丰，甚至可以说是清贫。欧阳观中了进士后做了多年刑事方面的官员，他遵循着作为一个刑官最基本的道德，严谨地对待所有的案件，不会冤枉任何好人，也不放过真正的罪犯。

刑侦案件非常复杂而烦琐，必须做到一步不错，为了防止冤假错案发生，欧阳观都会亲自审理。由于他严谨的德行和高尚的节操，他在众多的刑事官员中脱颖而出，在刑事案件的处理上颇有建树。虽然他的名声不如儿子欧阳修那样响亮，但仍旧铸就了欧阳家族的荣耀。

每当遇到棘手的案子，欧阳观都会废寝忘食，秉烛夜思。当时，欧阳观任泰州判官，晚上曾多次将案宗带回家中，年幼的欧阳修便坐在父亲身侧。欧阳观总是以身作则，用自己对待案件的严谨态度以及对待犯人的宽容仁德来教导儿子，使欧阳修自幼就懂得了尊重生命、谨慎刑狱的道理，对欧阳修以后的做人、做官都产生了深远的影响。

在经历了几次科考失败后,欧阳修终于在 24 岁那年高中进士,之后便入朝为官。他秉承着公正、正直的品行,初入官场时就认识了比自己大十七八岁的范仲淹,二人因性格相投成为忘年交。

欧阳修正直,同时也心怀仁义,面对强权毫不畏惧。当时范仲淹因言事被贬官,谏官余靖、太子中允尹洙为范仲淹仗义执言同被贬黜。在余靖被贬的送别宴上,谏官高若讷大骂范仲淹,欧阳修忍着气愤没有出声,但是他回到家中却越想越生气,气愤难平之下,挥笔写了一篇《与高司谏书》斥责高若讷,却也因此遭到牵连。

欧阳修不仅在立身上能够让他的家族以他为骄傲,他还有众多足够名垂青史的事迹。他所创作的诗词歌赋,至今为人们所传颂,他曾经编纂过《新唐书》《新五代史》,也曾提拔和举荐过王安石。王安石作为一名伟大的改革家,对宋朝积贫积弱的现象进行了一番政治改革,进而对宋朝产生了深刻的影响。

欧阳修有四个儿子,他们在父亲的教导下,秉持着正直为公、仁义道德的品行,传承着欧阳家族的高尚家风。

重资财,薄父母,不成人子

欧阳修之父欧阳观为官清廉,乐善好施,为了帮助穷苦之人,他时常不惜散尽家财,致使自己的生活变得异常清苦,他经常对家人说:不要让钱财拖累我们。

欧阳观曾经在四川绵州为官,任职期间,身边的同僚们都会去购买蜀地有名的特产,但是欧阳观却把他的俸禄全部拿来养家和救助别人,只是在任职期满准备离开四川时才买了一匹蜀绢作为纪念,并且请人在上面画了"七贤图",这是欧阳观多年来在蜀地唯一的纪念品。

欧阳观去世之后,夫人郑氏含辛茹苦地把子女抚养长大,她明白生活上的抚育固然重要,更重要的是教育上的教诲。经过多年的浸染式熏陶,郑氏一直都在按照丈夫的为人与品行来教导欧阳修。

为了不辜负欧阳观的托付,郑氏从欧阳修很小的时候就开始教导他。在母亲的悉心教导下,欧阳修10岁时就已经显露才华,将母亲教的《诗经》《左传》倒背如流,而且也在学习之外结交了一些朋友。这些朋友中有一位家中很是富有,其名为李尧辅,他家里藏书颇丰,欧阳修家贫,无力购买图书,为了阅读更多的书籍，他经常到李尧辅的家中和他一起读书，从而减少学习的开支，为母亲减轻压力。

某一日，先生要求李尧辅写一篇关于《左传》的文章，但李尧辅一时之间没了灵感，眼见时限快到了，自己还是无从下手，于是非常苦恼。这时候，欧阳修来陪他读书了，于是他就请求欧阳修代写文章，欧阳修当即答应，在书房内一挥而就，一篇相当有水平的文章就写好了。

看到这样好的文章，李尧辅很高兴，同时他还想到有了欧阳修伴读，自己的学业有了长足的进步，便想向欧阳修表达自己的感激之情，给了欧阳修一锭银子，但是欧阳修并没有接受。欧阳修之所以如此作为，都是郑夫人的教导，郑夫人鼓励欧阳修结交志同道合的朋友，同时教导他在人际交往中不要出现失礼或让别人看轻的行为。

欧阳修一直都谨记母亲的教诲，在钱财之上从来都是克己的，他如母亲所希望的那样成为一个仁人君子，不重视钱财，更看重品德。欧阳修感念母亲的辛苦，即便在贬官时期也在尽心侍奉母亲，自己没有钱财也会把最好吃的留给母亲。在欧阳修心里，孝道是一个人最根本的道德品质，他身体力行，为自己的儿孙做出了榜样，教导他们"以孝立身"。

在欧阳修的教导之下，他的四个儿子虽然没有像父亲那般有成就，但都将先祖家训中的"孝悌"道德传承了下来。郑夫人也将"清钱财，重孝悌"的品行灌输给了孙辈，使得这股君子之风随着欧阳家训代代传承了下来。

以荻为笔沙为纸，苦学抄书继遗志

欧阳修在《诲学说》中写道："人不学，不知义。"这是他对四个儿子的教导，同时也在追忆年少时母亲郑氏对自己讲过的关于父亲的故事。欧阳修幼年丧父，为了传承欧阳家族的家训，母亲经常将他父亲欧阳观的事迹讲给欧阳修听，使得欧阳修自幼便习得了欧阳家族好学、勤学的家风。

欧阳观在知天命之年中进士入朝为官，也正是因为他的勤奋好学，才能以半百之龄踏入仕途。为官之后，欧阳观仍旧手不释卷，他一直在翻阅有关刑案的书籍和卷宗，以为自己的职位累积学识。他的一生不断践行着勤奋好学的品行。

欧阳修在五六岁的时候，产生了识字学习的意愿。那时，虽然家中一贫如洗，母亲依然答应了欧阳修学习的要求。

可是连温饱都无法保证的欧阳家，又哪里有钱上私塾呢？于是，母亲在苦思冥想后就想到用芦苇杆当笔、沙土作纸的方法。在最开始学习的时候，母亲就问欧阳修：学习是很辛苦的事情，你愿意坚持吗？欧阳修听后，向母亲表示自己是真的想学习，并且在第二天就早早起床跟随母亲学习，从此之后没有一刻懈怠，所以在他10岁的时候就已经以才学闻名当地了。

因为家境贫寒，欧阳修家中没有什么藏书，学完母亲会的知识后，他就只能自己想办法学习。于是，他开始陪那些家境好的同龄人读书，去他们家中看书，有时也会借书回家读。但这样未免太过叨扰，他意识到这不是长久之计。于是欧阳修又想了一个办法——抄书，把一些想看的书亲自抄一遍，既能助于记忆，抄成之后也能作为自己的图书。自此之后欧阳修便开始了抄书的生涯。

欧阳修在抄书的过程中，韩愈的书籍令他文思大开，自此沉入到韩愈的文集里不可自拔，而且他还在韩愈的文集里开拓出了自己的文学风格。继承了父亲勤奋好学的品行，欧阳修在老年的时候还会将年轻时候所写的文稿拿来修改。他的一生也是在不断努力学习中度过的。

欧阳修的好学精神感染了儿子，长子欧阳发如他的父亲一般喜好读书。为了能够更好地学习知识，欧阳发还拜了当时的大儒胡瑗当老师，以求学问的增长。欧阳发不仅是刻苦读书，他还从学习中明白了父亲读书学习的真谛——读书不是为了功名，更重要的是学会做人，是品德品行。明白了这个道理，欧阳发就将自己所有的精力全部放在了感兴趣的历史书籍上，开始了他对历史人物和故事的研究。欧阳修还曾给次子抄写自己写过的文章，以此鼓励他在做学问的道路上走得更加长远。

欧阳修从父亲那继承了欧阳家族的好学家风，又将这家风不断发扬光大，并同时将家风传给下一代，以期欧阳家族的家风能够被后世子孙代代传扬。

祭而丰，不如养之薄也

"树欲静而风不止，子欲养而亲不待。"这句话出自皋鱼之口。某日他在父母坟前哭嚎，正巧被路过的孔子听到，他的话道出了天下所有痛失父母亲人的痛苦哀愁。

欧阳观是一个对待父母亲人事必躬亲的孝子。欧阳观的父母在世时，因家境不是很富裕，所以每日只有粗茶淡饭。父母去世后，欧阳观每年祭祀先人时，都会忍不住痛哭流涕，他边哭边对妻子郑氏说："祭而丰，不如养之薄也。"就是说，与其在亲人死后隆重祭奠，不如在生前好好孝顺。

这些话通过母亲传授给了欧阳修。欧阳修也有这样的痛苦，年幼丧父的他从未体会过父爱的温情，对父亲的印象也仅限于母亲的叙述。久而久之，那个清廉正直的君子形象开始在欧阳修心中不断升腾高大，近乎完美。追寻先父的脚步、聆听母亲的教诲便成为欧阳修人生路上的行为准则。

欧阳修入朝为官之后结识了范仲淹，二人亦师亦友的关系，不仅得益于二人性格相投，在欧阳修看来，范仲淹身上似乎有着父亲的影子。同样是廉洁奉公的高洁之士，若父亲在世，定然也是这般正直的君子。这是一种映射心理，欧阳修在潜意识中也希望能让父亲看到现如今的自己是一个值得他骄傲的人，同时也表现出了欧阳修对父亲深深的眷念之情。

自年幼起，母亲为了养育他与妹妹，不辞辛苦为人浆洗、缝补衣物以换取微薄的收入，这些情景都被当时还是孩子的欧阳修刻进脑海之中，时时想起。从小到大，无论是落榜还是被贬官后，心情低落的他在母亲这里都能够得到安慰。多年来，母亲亦父亦母地抚养自己，欧阳修也把未能赡养父亲的遗憾转移到了侍奉母亲身上，但他也害怕母亲如父亲一般在自己还来不及孝顺的时候就离开自己，所以他更加孝顺母亲，要将未曾实现的对父亲的那份孝心一起给母亲。

即便欧阳修在官场上几经波折起伏，都从未将母亲留在故乡，而是把她接到自己的身边奉养。无论生活有多么的艰难，他也没有以任何理由抛下母亲，他与母亲相依为命，却只奉养了郑氏二十二年，这在欧阳修心中不仅是苦悲，更是遗憾。于是他作了《泷冈阡表》来表达对于父母亲人在自己功成名就前就早早离世而没有好好奉养他们的这种痛苦心情。

欧阳观在临终前曾经对欧阳修的母亲说过，他不需要欧阳修多么的有能力，只要他能够不贪图不属于自己的财富，做个能够孝敬长辈、有德行、品德高尚的人就可以。欧阳修通过母亲的言传身教，潜移默化地学习到了父亲的美好品德，尽心尽力侍奉好母亲，让未能奉养父亲的遗憾不再发生。这份孝悌之情也随着欧阳家的家训代代传承了下去。

第六章 包拯家训：清心治本，直道谋身

包拯被称颂为"包青天",后世还将他的很多事迹进行了神化,使人们至今推崇。包拯为什么会有如此崇高的魅力?

电视剧中的包拯铁面无私、刚正不阿、忠孝节义、不畏权贵等高尚品德被演绎得淋漓尽致。现实中的包拯对父母至孝之极,为官从未拿取过百姓一分一毫,也从未收受过任何贿赂,可谓清廉如水。他临终的时候留下了"后世子孙仕官,有犯赃滥者,不得放归本家"的家训,成为子孙后代严守的做人信条。

有犯赃滥者，不得放归本家

包拯无论是做官还是卸任在家的时候，都对贪官污吏十分痛恨。他讨厌贪官，并在《乞不用赃吏疏》中写道："廉者，民之表也；贪者，民之贼也。"当然，他不仅仅在态度上厌恶贪官，在行动上打击贪污也是雷厉风行，甚至在临终前还留下了后世子孙不能做贪官，否则就逐出家族的家训，以此来约束族人清正廉洁。

包拯自青年时代起就非常洁身自好，他没有考中进士以前，在家乡的寺庙读书。宋朝时期，在寺庙读书是很平常的事情，寺庙场地大，环境安静，再加上包拯的家境并不是很好，在寺庙读书可以节省很大一笔开支。

包拯与一位李姓同窗曾经一起在寺庙读书。寺庙附近住着一位非常富有的大财主，这个大财主很是爱才，他看到二人整日在寺庙埋头苦读，又听人说起他们很有才华，很有可能会考中进士，就想要同二人结交，于是就每天派人去请他们到家中吃饭，不过都被二人拒绝了。

有一天，财主在家中备好了酒菜，才让下人去请包拯二人。

同窗一听,财主已然准备好,自己又拒绝过很多次,那这次就过去赴宴吧,于是他就梳洗打扮了一番,准备出门的时候却看到包拯没有任何要去赴宴的行动,反而阻拦他前往财主家。包拯表示,他们不能去赴宴,这个财主之所以一而再再而三地邀请,就是预测了他们的未来,如果他们能够在科举中及第,或许会回来做地方长官,现在去吃财主的宴席,他日必定要还这顿饭的恩情,日后若是他犯了事情,二人又如何能够秉公办理案件呢?所以为了以后不会罔顾律法,现在就不能赴宴。同窗听包拯言之有理,便一同拒绝了财主的邀约。由此可以看出,青年时代的包拯就非常注重洁身自好。

　　为官之后,包拯从来不参加任何官员的宴饮,他认为自己去参加了这些人的宴会,或是融入这种世俗的宴请关系中,无论出于什么原因,都会对自己以后的官途不利。毕竟宴饮、聚会体现了各位官员之间的交情,这样使得各官员在处理事情的时候难免出现徇私舞弊的现象。为了避免这种情况的发生,包拯直接从根源上切断,拒绝任何宴饮和聚会,也使得一些想要通过官员聚会向包拯行贿的人没有了门路,包拯也保全了自己的公正廉洁。

　　包拯不只在官场上廉洁清正,在家中也保持着这种作风。除了俸禄之外,包拯没有其他的额外收入,却要用为数不多的钱财来养包氏一家人,甚至还会拿出一部分去救助贫苦之人。

　　包拯出行和上朝的时候很少用到轿子,一般都是步行到要办事的地方,就算需要用到轿子,也只乘一顶破烂的轿子,甚至连身上的官服,包拯也是补了又补。

包拯曾经在端州做知州,端州至今依旧非常有名的就是端砚,端砚在宋朝就已经是贡品了,当时的文人墨客和一些附庸风雅之人皆以拥有一方端砚而欣喜。包拯去端州做地方长官之前,历任地方官都会要求当地百姓在做足进贡的端砚之后,再另做比贡品多几十倍的端砚给自己,之后用这些端砚来打点关系,给自己的仕途铺路。

包拯到任后,立即要求停止制作贡品以外的端砚,当地百姓非常高兴,而包拯正如史料记载"岁满不持一砚归"。当地还流传着这样一个"怒沉端砚"的传说:包拯任期届满离开端州时,当地百姓都来相送,有的百姓还带着礼品,但是包拯什么也没收就上船了。可在船行驶到河中心时,突然狂风大起,船没有办法前行了。在宋朝,人们认为做了不该做的事情才会惹河神生气,受到河神的惩罚,但是包拯认为自己什么也没拿,怎么就惹河神生气了呢?就在包拯百思不得其解的时候,他的小厮表示他在包拯离岸登船之前收了当地百姓送的一方砚台,包拯听了十分生气,让小厮将砚台拿出来,并将砚台扔入河中。就在砚台落水后,天空立即放晴,风也停止了。这个传说虽然是民间故事,但也间接证明了包拯在端州的廉政。

在包拯担任权知开封府之前,开封府有一个旧制——普通百姓想要到开封府告状,不能直接进入衙门,而要通过开封府的府吏进行转达。如果这些小吏觉得麻烦就不会去转达,百姓为了申冤就不得不给这些府吏送银钱,而府吏就会趁机向百姓勒索钱财，看钱办事，若是钱多就好办事，若是没有那就只能有冤无处诉。

包拯刚上任便将这个旧制废除了，他下令将开封府的大门打开，所有有状要告、有冤要诉的百姓可以直接到大堂申诉。自此以后，百姓们不需要再向府吏交钱就能够陈诉案件，而那些府吏也收敛了欺上瞒下、勒索银钱的风气。从包拯改变衙门旧制开始，府衙内原本的不正之风被一扫而光，很多的冤假错案得以昭雪，百姓开始称呼包拯为"包青天"。

包拯这种廉洁奉公的作风自始至终都被他一直坚持着，也激励着后世子孙效仿传承。包拯的儿孙生前也许没有多少成就，但是在他们死后，其墓志铭上都镌刻着"一生廉洁奉公"的评语，可见包拯留下的家训都被后代子孙所铭记。

但行无愧之举,不畏强权压身

包拯一直坚持"但行正义之事",无论成败,自己都能问心无愧。他只做自己认为是对的事情,俯仰之间做到无愧天地,而且如果自己有能力做到,那就做到最好。

淮南转运使张可久滥用职权,贩售私盐达到一万斤有余,这件事被人揭发后,张可久下了大牢,案件交由大理寺进行审理。按照宋朝当时的法律,在给贩私盐的人定罪量刑时完全取决于库存私盐数量的多少,数量少就轻判,数量多就重判。但是张可久想方设法地钻法律的空子,他每次贩私盐的时候都是私盐到手绝不存库当场卖掉,不留下任何证据,所以张可久仓库里的私盐并不是很多。揭发数量与实际数量不符合,这给大理寺的量刑带来了麻烦。就在此时,包拯同审理案件的官员说,不用拘泥形式,证据确凿就可以定罪,而且他还有其他的罪行可以数罪并罚。他认为张可久作为一省的转运使无视法纪,公然贩私盐,该行为不能只按照私盐的数量来定罪。在包拯的坚持下,张可久受到了应有的惩罚,被处以流放之刑。

包拯从端州到地方上任的时候,恰好赶上范仲淹当政,当时庆历新政正处在最重要的时间节点上，包拯只是一个官场新秀，没有人注意他。朝廷的文武朝臣分为了保守派和改革派，而包拯属于保守派的王拱辰举荐的，所以便被一些人划分到保守派中。王拱辰本没指望包拯能发挥什么作用，可就是这样一个不起眼的新秀，却起了非常大的作用。

包拯是一个忧国忧民的好官，这场政治改革中的吏治改革正好是包拯所关心的。他盯上了当时的"按察使"制度，该制度是范仲淹为了监察从中央派到地方的各级大小官吏所设立的官职，他们拥有很大的权力，掌握着地方官员升迁、贬黜的命运。包拯很快就发现了这项措施的弊端，他立即给皇帝上了一封奏折——《请不用苛虐之人充监司》，这封奏折直击按察使的要害，针砭时弊，痛述这项措施的疏漏。因此，朝廷上开始了新一轮的争论，这使得宋仁宗发现改革派的官员中也有一些贪官污吏，改革派的政策中出现了疏漏。

喜出望外的保守派以为包拯是自己人，可以放心任用，可是让他们没想到的是，在新政失败、新政的主持者也被罢官的时候，包拯写了一篇《请依旧考试奏荫子弟》，表明希望皇上能够将新政中好的、精华的东西留下来，不应对新政采取完全否定的态度。所有人都对包拯的这一作为感到惊讶，皆猜不透他心里到底在想些什么。其实，这才是真正的包拯，在他的心中没有什么新政旧政，他在乎的只是这个政策能够给国家和百姓带来怎样的好处，他只是在做自己心中认为正确的事情，尽自己所能为国家和百姓谋福。

多年以后，已经成为知谏院的包拯向宋仁宗上呈了一篇名为《七事》的奏章，奏章中陈述了关于吏治改革的相关措施，从区别官员的忠奸到怎么把那些被贬官的官员再次启用共七项。包拯的这些措施与庆历新政的措施不谋而合。所有的文武大臣都明白过来了，在这个官场上，包拯就是最特别的那个，他总是喜欢实话实说，尽自己的能力做事，但行有用之举，推荐有用之策，所以包拯上书弹劾当时宰相宋庠的时候，没有人为这件事感到吃惊。

宋庠文采斐然，为相七年，既没有贪污受贿，也没有苛捐杂税，在品德上也没有什么大的过错，实在是没有什么地方可以被弹劾的。可包拯却认为宋庠在宰相的位置上没有作为就是最大的过错，宰相之位如此重要，不是无功无过就可以稳如泰山的，他没有使得国家变得更好，便没有尽到一国宰相的职责。"没事找事"的包拯竟将责任诠释到这个地步。

包拯的儿子包绶继承了父亲的品行，他的官职并非源于进士及第，而是由恩荫得封官位。包绶的官职没有父亲高，但他每到一个地方做官，都会遵循父亲的品行，力求无愧天地。包绶曾为汝州通判，任职期间将汝州治理的一片繁荣，任满离开之时，汝州的百姓都来送他。包绶之能，使得包氏家族得"能吏"之名。

见富贵而生谄容者,最可耻

包拯在朝为官,刚直果敢,不畏朝廷权贵,从不会向后者谄媚低头。如若显贵之人犯了律法,包拯的心中只有一个原则:王子犯法,与庶民同罪。

包拯刚刚当上权知开封府的时候就做了一件大事,而这也将在朝的权贵得罪了大半。宋朝的皇亲国戚以及一些朝廷要员为了在夏天有一个好地方纳凉,纷纷在流经开封府的惠民河上修建亭台楼阁。这样的行为在这些达官显贵看来并没有任何问题,可是对于沿岸百姓来说就是致命危机。惠民河不仅仅是开封府的交通要道,还是开封府在洪水来临时的泄洪通道。现如今,河道之上满是阁楼,导致河道阻塞,大雨降下,洪水无法排泄,河水倒灌,两岸百姓的处境岌岌可危。包拯得知后,便对这件事进行了彻查,随后要求权贵们把这些建筑全部拆除。但有一人却拒不执行,还拿出了一张地契,声称阁楼是自己的房产。包拯经过一番查证,得知地契是伪造的,于是他不顾其人身份,直接上书皇帝,勒令对方拆除。

宋仁宗在位的时候非常喜欢贵妃张氏,为了表达对张氏的喜爱,他将张氏的伯父张尧佐从一介布衣连越几级提拔为三司使。不仅如此,张尧佐还同时兼任着几个官职。张尧佐志大才疏,包拯认为他无法胜任如此重要的官职,所以包拯上奏皇上,要求免了张尧佐的官职。但是,宋仁宗为了讨好张氏,根本什么也不顾,他对包拯的奏折视而不见,也不理会包拯的谏言,反而再度给张尧佐荣誉加身。

宋仁宗的做法让包拯很愤慨,不过他并没有因位卑而就此退让,而是继续向宋仁宗上谏书,痛斥张尧佐的各种行为,但仍旧得不到仁宗的积极回应。第二年,宋仁宗再度加封张尧佐的官职,此时张尧佐已经是宣徽南院使,包拯依旧没有妥协,他第三次向仁宗皇帝上谏书,言辞更加激烈,甚至直接在朝堂上同宋仁宗吵了起来,而且争吵的声音相当大,其他大臣都害怕地躲到一旁,最后宋仁宗没有办法只能罢免了张尧佐的全部官职。听到伯父被罢官的贵妃张氏非常不高兴,就整日为此向宋仁宗说情,宋仁宗对此颇为不满,就说当时包拯的唾沫星子都溅到他的脸上了。可以说,包拯就是这样一位刚正不阿的人,他不畏惧任何官员的背后靠山,就算是皇帝他也要据理力争,丝毫不会退缩。

有一位叫任弁的官员,也倒在了包拯的上书中。任弁在担任汾州最高长官的时候,要求超过一百名士兵给他干私活,而且他占用的工役多达两万多人,这些手艺若折合成细绢就有一千五百多匹。按照宋朝律法,任弁的罪行应判为:对那些他役使的工匠做出赔偿,上交一定的罚款,并且充军流放三千里。但宋仁宗感念任弁曾经对朝廷立下汗马功劳，所以就下诏将任弁充军三千里的处罚免除了。这令包拯气愤非常，他立刻给宋仁宗上书，力争要严肃法纪，公平裁决。最终，宋仁宗不得不收回自己的诏书，维持原判。由此可知，无论是权贵还是高官，只要触犯律法，包拯绝不会放过，不管皇帝是什么样的态度。

包拯的行事作风让那些皇亲国戚和达官显贵整日胆战心惊，他们想要通过送礼的方式逃过包拯的惩处，但完全落了空，所以在当时还有这样一句话："关节不到，有阎罗包老。"

包拯的儿子包绶，虽父亲在其年幼时就去世了，但是他仍然从长嫂崔氏那里习得了包家的家训。家训教导包绶之后为官不可违背道德逢迎上官，为了百姓之事即便对抗权贵也在所不惜。包绶第一次做地方官，是在濠州之地做团练判官，他的上司濠州知州知道他是包拯的儿子，因为仰慕包拯，所以经常找包绶讨论政事，包绶在面对一州最高长官的时候并没有谄媚迎合，而是就事论事，如果知州有言行欠妥之处，他也会毫不犹豫地指出来。包绶继承了包拯的遗志，也将这份刚正不阿、不媚权贵的家训传递给了后世子孙。

一曰正直，二曰刚克，三曰柔克

《宋史·包拯传》中记述："拯立朝刚毅，贵戚宦官为之敛手，闻者皆惮之。"包拯就是这样一位刚正不阿的人，在他为官生涯中，曾多次"拂龙鳞"向皇帝上谏书，甚至在皇上没有接纳之时与皇帝当朝辩论，真正是不畏权势，只一心为公。

包拯做谏官时经常将一些官员的恶劣行径上报给朝廷，并没有因为那些官员背后的权势而产生任何退缩。比较典型的事件就是他接连参奏了两任触犯律法的三司使，使他们被罢官免职。

包拯参奏第一任三司使张方平的原因较为复杂。有一个名为刘保衡的人开了一家酒场，因为经营不善而亏本，就此欠下官府高达一百多万的酒钱，三司使张方平尽职尽责，去追讨欠债。刘保衡在没有钱财还债的情况下就变卖家产，而家产中的一处房屋被张方平以低价买了下来。就在他买下房子后，刘家出嫁的姑姑将其告到了官府，称刘保衡并非刘家子弟，无权处置祖屋。开封府的人经过调查发现刘家姑姑说的是实情。在包拯看来，张方平的行为是"仗势欺人"，触犯了大宋律法，他毫不犹豫地就上书皇帝，称张方平人品有亏，不足以出任三司使这样重要的职位，因此张方平被罢官。张方平被罢官以后，宋仁宗任命刚从地方调回京城的宋祁为新一任三司使。然而，宋祁是一个品德极其败坏的人，他贪图享受，生活奢靡，而且还喜欢蓄妾纳妓。他当地方长官的时候，每一顿饭至少要有三十六道菜，而且还对这些菜品进行各种苛刻规定。

宋祁家中养着众多侍女，他好色如命，凡是有点姿色的良家少女，都会被他强抢入府纳为小妾，其品德之坏、丑闻之多简直令人发指。包拯知道了宋祁在地方为官时所做下的恶行，于是立刻就给皇帝上谏书，揭发他的种种丑恶行径。最初，宋仁宗并没有处罚宋祁，包拯看到皇帝没有要处罚宋祁的迹象，就连续不断地上书，直到最后，朝廷才罢免了宋祁的官位。可以看得出，在包拯的原则中并没有"妥协"二字，他只坚持正义。

包拯的刚正不阿更是在他"七斗王逵"的事件中展现得淋漓尽致。王逵其人做地方官的时候罔顾法制，横行霸道，更是按照自己的意愿随意增加各种赋税，一次收的税目比正常的税目多出三十几万贯。他搜刮的钱财除了享乐之外，其他全部都用在贿赂京官上，以使这些人能够在自己需要的时候出门保护，保证他能够继续在地方作威作福。而且他不止大肆敛财，对于治下百姓的管理手段更是暴虐无道，甚至草菅人命。在王逵担任湖南转运使的那段时间里，百姓为了逃避迫害，大多数人拖家带口躲入深山老林之中，百姓虽恨他入骨，却敢怒不敢言。

但就是这样一个罪行累累的人却备受朝廷的青睐，在仕途上步步高升。包拯承担起了为民请命的重任，先后七次给朝廷上书，请求朝廷罢免王逵，并问罪于他。但是朝廷却没有任何反应，王逵给京官的贿赂在这时起到了作用，但包拯上书的言辞也越来越激烈。最后，朝廷官员在包拯的不断弹劾之下没有办法再庇护王逵，王逵最终被革职查办。俗话说，再一再二不再三。但在包拯心中，为达目的，即便上书七次，甚至与满朝文武对立，也在所不惜，只为了那颗正直为公的心。

包拯的正直、刚正不阿为儿子包绶所继承，他为官不会摆"官架子"，更谨记家族和父亲的教导，绝不卑躬屈膝，不拍马逢迎，只做好为官的本分。包绶为官颇有政绩，在他做官的地方素有"贤明"的美名。包拯虽已去世，但是他的训诫却为后世子孙所牢记，其族多刚正不阿之辈，从不对上行逢迎之事。

忠孝节义：三代绵延惠后人

包拯的家族素有忠孝的家风。包拯的父亲包令仪就是一个很孝顺的人，包拯自幼成长在这样的家风环境中，耳濡目染之下，也成长为一个孝子。

自古忠孝两难全，包拯在29岁中进士后，就面临了这样的选择。当时，他的父母年事已高，所以包拯想要就近照顾双亲，但是朝廷当时下派的官位是建昌知县，与其老家安徽相距甚远。父母无法长途跋涉与包拯前往建昌，而包拯想要回家探望也需耗时良久。为了能够就近照顾父母，包拯就请求朝廷给他换一个距离老家安徽庐州较近的职位，最后，朝廷转调包拯到安徽和州改任监管账本和仓库的监当官。

在宋朝，相比一方知县，监当官的官职较低，但包拯并没有嫌弃，而是打算携父母去上任。可惜的是，包拯的父母仍旧感觉和庐州距离有些远，他们并不想离开自己的家乡，最终包拯为了侍奉双亲而放弃为官，直到父母相继离世，包拯为父母守完孝以后才再度出仕。

父母离世之后，包拯并没有在家中守孝，而是前往父母安葬的地方，在父母的坟墓旁边建了一个小茅屋生活，这便是结庐而居，也是中国古代守孝制度中最高的规格，可见包拯孝顺之至。在为父母守完孝后，包拯仍旧不想离开父母，最后在亲朋好友的劝说下才放下失去父母的痛苦，向朝廷上奏表出仕。朝廷就指派他做天长县知县，这时距离他辞官在家照顾父母已经过去了十年，在这十年中，与包拯同年中进士的人都已经是知州了，而他在十年后仅是一个知县。

包拯为官之后，便开始秉承以忠侍国、侍君的原则。他为官刚直不阿，从未为私利败坏朝廷的法制，损害国家的利益。包拯年老时，朝廷体恤，让他回到老家做官，担任庐州知州，这是庐州的最高长官。此时，包拯的叔伯舅舅仰仗自己是包拯的亲属而知法犯法，以为包拯会包庇他，但是，包拯让他们失望了，等待他们的是依法查办，其他人一看就都不敢再犯了。可见，包拯将公私分得很清楚，也没有因私废公。

包拯去世时，他唯一还活着的小儿子包绶只有5岁，而包绶是包拯的一个侍妾孙氏所生，孙氏怀有身孕之后，包拯将其遣送回娘家。包绶出生后，便由包拯的长媳崔氏抚养，崔氏还给他请了先生教导他。包绶长大以后，对嫂子非常孝顺，甚至还向朝廷上奏希望能够表彰嫂子，最后朝廷以崔氏抚育有功将她册为节妇。包绶很好地继承了包家的忠孝家风，对抚养自己的崔氏如生母一般孝顺，因念及长嫂无子，包绶便从包氏家族中过继了一子包永年，这在中国古代是很重要的孝道表达，包绶此举也是为了感激嫂子含辛茹苦地将自己抚养大的恩情。长嫂崔氏在哲宗绍圣元年（1094年）病逝了，当时包绶在开封的最高学府担任国子监丞，并不在老家庐州，听闻长嫂去世，包绶心中悲痛不已，连夜飞奔回老家庐州，为崔氏披麻戴孝，这是包氏家族忠孝家风传承的重要表现。包氏一脉将家族的家训牢记于心，没有一刻忘记，并将其代代传扬。

第七章 苏洵家训：读书正业，重德修身

苏洵是北宋文学家,号老泉,字明允,与其子苏轼、苏辙合称为"三苏"。他们父子三人都是中国历史上著名的文学家,俱为"唐宋八大家"中的成员。

苏洵的散文可称得上字字珠玑,既古朴凝练,又生动形象,而且见解精辟,内涵丰富,读之令人回味无穷。同他的父亲一样,苏辙也以散文著称,诗词的成就也颇高。而苏轼在诗词书画等领域,都在历史上占据了重要的地位。

年轻时的苏洵并不喜爱读书,直到后来才幡然悔悟,开始发愤图强,读书正业。可以说,他是一个幸运的人,这一生都在做着自己想做的、喜欢做的事情。他著《安乐铭》,告诫后人要读书正业、孝悌忠信、和睦有爱、非义不取、清廉为政、重德修身。这些振聋发聩的文字带来了为人处世的格言,可更多的是一种无声的言传身教。

二十七,始发奋:一鸣惊人天下知

据说苏洵年少之时并不喜欢读书,长到青壮年依然不知道读书学习,直到 27 岁时,他才开始努力读书。为什么苏洵会在 27 岁的时候发奋读书呢?这件事要慢慢道来。

苏洵 25 岁的时候,同史彦辅和陈公美结伴同游,三人一起去了峨眉山。在游山玩水途中,他们听说距离此地西北方向百里之外的岷山也十分雄伟壮丽,于是三人继续出发去了岷山。时间一晃过去了半年,这日,苏洵回到家中,发现妻子程氏有些愁眉不展,于是他便开口询问。原来,程夫人这些时日一直在教导儿子们读书识字,她未曾指望夫君可以出人头地,却希望自己的儿子可以光宗耀祖,只是自身精力和学识不足,这才日日发愁。苏洵这才恍然意识到,如果自己再如此散漫下去,怕是将来也会受到孩子们的耻笑。此时,他才真正意识到自己需要为将来打算。

北宋明道元年(1032 年),苏洵的母亲史氏因病去世,苏洵的二哥苏涣赶回家为母亲守孝。两兄弟凑到一起,聊起了各自的前程,苏涣有意询问苏洵:三弟,你饱览名山大川,何不写些文章，也让我瞧瞧这山川河流是何等风姿？

苏洵一下愣住了，他的确是满腹锦绣河山，可是怎样把它们写出来，这可真是把他给难住了。苏涣见状，略微一笑，随即转移了话题说：三弟，先别着急，哥哥我有一心愿，还请三弟相助。

苏洵忙答道：二哥有什么心愿，尽管开口吩咐就是。

苏涣说道：三弟可知，我们苏氏先人曾经也有一些地位显赫的，只是自大唐以来，我等却只知眉州刺史苏味道。自下往上，也只知祖父苏杲、曾祖苏祜。三弟如此喜欢游历，不妨找些老人谈谈，查阅一下其他家族的族谱，来编纂一本我们苏家的族谱。

苏洵听了苏涣的话，觉得此事颇为有趣，便一口答应下来。程、史、苏三家是亲戚，苏洵向他们打听，他们就拿出了本家的族谱和先人们往来的书信。苏洵还去眉州府查了些陈年案卷资料，很快便查到了唐代眉州刺史苏味道的名字。苏洵继续追根溯源，陆续查到了汉代的苏建以及苏武、苏嘉、苏贤三兄弟，再往前，他又查到了先秦时期的苏公和苏秦。这些引起了苏洵浓厚的兴趣，于是他把《史记》《汉书》以及《战国策》《左传》等这些更早一些的书籍统统搬到了案头。一直到守孝期满，苏涣离家上任，苏洵仍旧沉迷读书欲罢不能。而此时他也已经发现自己想要将心中所想写出来，仍是心有余而力不足。

苏洵27岁那年，有一天他读到谢安的一篇讲珍惜时间、用功读书的文章，苏洵对此心生感慨。他反复阅读，每一次都有新的收获。他甚至觉得，这篇文章简直就是为他而写的。他心下感叹：自己马上就到而立之年了，虽然写过几篇文章，却都过于平庸。想要有所建树，现在不努力，还要等到何时呢？于是，苏洵开始发奋读书。

只是他开始读书的时间太晚，况且一开始的时候态度并不认真，仗着自己聪明，拿自己和同辈的人相比较，觉得他们甚至没有自己高明，就以为读书并不困难。可事与愿违，苏洵两次应试举人，都不幸落第。

于是，苏洵第一次写信给当时的翰林院学士欧阳修，信中说：我年轻的时候不学习，活到27岁，才知道要好好读书，和有学问的人一起交往学习。苏洵痛彻检讨，他整理书房，找出自己以前为了科举考试而写的文章，细细读了几遍，只觉得这些文章文辞粗浅，漏洞百出，颇有些不堪入目。他不禁喟然长叹道："吾今之学，乃犹未之学也！"连他自己都如此不满意，又怎么能够让这些书稿流传在世呢？于是，苏洵毅然决然地把几百篇文稿用一把火烧了个干干净净。烧完文稿，他回到书房重新阅读《论语》《孟子》等，继续研究诗书经传和诸子百家学说。

从此，苏洵一头扎进了书籍的海洋中，他发誓在他读书没有入道之前，绝对不写任何一篇文章。五六年之后，苏洵的学问已有所成。后来，有的时候他在家研究古今成败的道理时会顺便教导儿子；而有的时候他奔走四方求师访友这时，儿子便由程夫人教导，夫妻共担教育孩子的责任了。

北宋嘉祐初年，苏洵带着两个儿子进京应试，谒见当时的文坛领袖——翰林学士欧阳修。欧阳修对他赞不绝口，尤其是《衡论》《权书》等文章。欧阳修认为苏洵的文采足可与刘向、贾谊相媲美，于是他向朝廷举荐了苏洵。一时之间，引起朝野上下一片轰动，公卿士大夫们争相传诵苏洵的文章，苏洵从此闻名天下。

就在苏洵发奋读书期间，还发生过一件趣事。有一年端午节，程夫人端着一盘粽子和一碟白糖送到他的书房。临近午时，程夫人来收拾盘碟，一看桌上的情形，顿时有些哭笑不得——盘里的粽子已经吃完了，碟里的白糖却原封未动，但是糖碟旁边的砚台上却沾了些许糯米粒。原来，苏洵只顾着读书，误以为砚台是糖碟。苏洵读书的专心程度，可见一斑。

苏洵的故事告诉后人，只要奋发勤勉，终究会获得成功。从玩世不恭到发愤图强，这可以称得上是苏洵生活道路上的一个转折点。二十多年的努力和奋斗，他阅读了大量的书籍，融会贯通之下，使得自己不再只有过人的聪明才智，更有渊博的学问知识。此时的他写起文章来正是"下笔顷刻数千言"，真正做到了"读书破万卷，下笔如有神"。苏洵的文章论点鲜明，言语犀利，文章以雄奇为主却又富于变化，气势磅礴却不失婉约缠绵。他写了许多很有价值的文章，受到了天下学者的倾慕，而他自己也真正享受到了读书成功的乐趣。

年轻气盛出傲气,政坛沉浮塑傲骨

俗话说:"三岁看大,七岁看老。"苏洵的儿子苏轼自幼活泼乖巧、聪慧过人。北宋庆历八年(1048年),苏洵的父亲去世,苏洵守孝在家,闭门读书,同时也将自己的品行和学识教授给儿子苏轼和苏辙。在父亲的教导下,苏轼从小就博览群书,学识渊博,苏洵的朋友们对其赞不绝口,这使得苏轼颇有些飘飘然。

有一天,年少气盛的苏轼写了一副对联贴在自己书房的门口。上联:识遍天下字;下联:读尽人间书。苏轼看着这副对联,骄傲地欣赏了半日。

这日,父亲苏洵得闲,踱步到苏轼的书房来考校他的课业。一抬头看见书房门口贴的对联,不禁连连摇头。儿子如此骄傲自满,让他颇为失望。他想了想,找了一些古书交给苏轼,"你且细细读之罢",他语重心长地叹息道。

苏轼不以为意地翻看父亲给他的书,他翻了一本又一本,却发现每一本书中都有许多自己不认识的字,许多的词句不能理解。他顿觉面红耳赤，心中十分惭愧，于是他提笔在门外的对联上各添了两个字。

从那以后，苏轼再也没有骄傲自满，他日夜读书，虚心学习，最终在诗词书画上都取得了登峰造极的成就，成为北宋中期的文坛领袖，身栖"唐宋八大家"之列。

而苏轼在对联上添写的字是"发奋"和"立志"，于是这副对联就成了——上联：发奋识遍天下字；下联：立志读尽人间书。

还有一个故事是这样的：

苏轼小的时候，苏洵因为科举落第，就去江淮一带游历，母亲程夫人在家管教孩子。母亲给予的教诲，对苏轼的成长有着很深刻的影响。

苏轼非常喜欢读《后汉书》，书中记载后汉时期的治国情形：朝政不修，政权被宦官所把持，地方官们也大都是这些宦官所豢养的走狗，朝廷内外勒索索贿成风，滥捕无辜更是屡见不鲜。

那时候的书生、儒士都奋起反抗这些小人的统治，更有许多忠贞廉正之士不惜冒着生命的危险，上书弹劾那些奸党。抗议之声此起彼伏，改革呼声愈演愈烈。

但在朝廷的旨意下，当时的学者与太学生皆遭审讯与调查，他们被严刑逼供，受尽折磨，甚至惨遭谋害而丧命。在这群忠贞廉政的学者当中，有个英勇无畏的青年，名叫范滂。苏轼的母亲程夫人常常以范滂为榜样来教导苏轼。

有一次，程夫人正教苏轼读《范滂传》，苏轼问她：母亲，若是我长大之后做范滂这般的人物，您可否愿意？程夫人十分欣喜，她马上回答道：若你能做范滂，那我也能做范滂的母亲。

后来，苏轼入朝为官。北宋治平三年（1066年），父亲苏洵在京师因病去世，苏轼与苏辙两兄弟扶灵归蜀，守孝三年。期满后，苏轼还朝。而此时，引起整个朝野震动的王安石变法已经开始了，很多人因为与新任宰相王安石的政见不合，反对变法而被迫离开京师。一时之间朝廷草木萧疏，可苏轼没有退缩，他数次上书反对变法，在政坛的风暴中犹如一只在海洋中不畏风浪、自由翱翔的海燕，他是那些粗俗、狂妄的官僚们除之而后快的仇敌，更是保民、反新政所向披靡的勇士。为此，苏轼屡遭贬黜，也曾受过逮捕，忍受着屈辱而活着，可这些却依然不能撼动他心中对于信念的坚持。

苏轼对苏辙说过这样一句话："吾上可陪玉皇大帝，下可以陪卑田院乞儿。眼前见天下无一个不好人。"这句话，也是苏轼对自己的最好写照。

苏轼愿以天下为己任，虽遇艰难险恶却不退缩，这些在他年少之际便已显现出来。苏轼无论在朝还是在野，都始终如一，保持着自我，不忘初心。

苏轼才思敏捷，作为勇敢，待人亲切慷慨。他性格倔强，有时候也会口不择言。他多才多艺，却不俗套轻浮。他温和友善，却是非分明。他永远都关注大局，不拘于小节。他有着远大的目标，而不囿于眼前的一切。苏轼的一生是他本性的自然流露，他早早地就把握住了自己的人生方向，并且矢志不渝地去追求，去努力。

二苏合力：一为生民立命，二为社稷立心

北宋熙宁十年（1077年）四月，苏轼被调到徐州担任知州。恰逢秋季，任徐州知州还不到半年的苏轼就碰到了黄河决堤，洪水泛滥，从南清河溢出，逐渐汇聚到了徐州城下，而且水位还在不断上涨。眼看洪水就要泄进徐州城内了，城墙岌岌可危，随时都有可能倒塌。

这个时候，苏轼说：如果有钱的人都逃出城外，就会民心动摇，到时候还有谁来跟我一起守城呢？只要有我在，就绝对不会让洪水毁了我们的城墙！于是他把那些想要逃出城外的有钱人赶回城里，并且叫来了武功卫营的卒长，请他们与自己共同修筑堤坝。卒长很佩服苏轼的魄力与胆识，于是亲自带领他手下的士兵修筑东南方向的堤坝，使堤坝从戏马台一直延续到徐州城墙。而苏轼更是直接住在了城墙上，他亲自背着畚箕，和大家共同修筑。在他的领导和指挥下，军民一心，保卫了徐州城，使民众免于洪水之灾。百姓们欢声笑语，朝廷也对此予以嘉奖。历史上，徐州因为黄河泛滥，遭遇了两百多次洪水灾害，百姓苦不堪言，唯独在苏轼的任期内，经过军民的共同努

力，得以抗洪于城下。而苏轼恐洪水再犯，又上书朝廷请求将第二年的服役之人调来修缮加固旧城，朝廷也批准了他的请求。

苏轼在徐州担任知州的这段时日里，除了抵御洪水之外，更是第一次成功地开发了煤田。洪水过后，当地的粮食产量受到很大影响，就连薪柴也是奇缺无比。当年冬天又连降大雪，很多百姓为了寻找干柴，不得不顶着狂风暴雪，四处奔走，以致腿脚冻伤。苏轼听闻十分不忍，于是他派人四处探访，寻求解决之法，幸得天助徐州，苏轼派出去的人在徐州城西南方向约五十里的白土镇附近查访之时，发现了品质极佳的煤矿，及时解决了百姓们取暖做饭缺柴的大问题。解决了老百姓的燃眉之急，苏轼很高兴，大笔一挥，写下了《石炭歌》："君不见前年雨雪行人断，城中居民风裂骭。湿薪半束抱衾裯，日暮敲门无处换。岂料山中有遗宝，磊落如磐万车炭。"

苏轼为官清廉，又心怀百姓，于危难之际为民解难。他关心百姓疾苦，并且竭尽自己所能地从百姓的利益出发，去真正地为百姓做事，使得徐州的百姓无不对苏轼拍手称赞。苏轼从来都不计较自身的荣辱得失，也从不畏惧面临的困难和压力。这样一个乐观豁达、两袖清风、为民造福的苏轼，不仅赢得了百姓的称赞和拥戴，也赢得了后世子孙对他的崇敬与热爱。

北宋元丰八年（1085年）三月，年仅10岁的哲宗继位，他的祖母高太后垂帘听政，启用反对王安石变法的以司马光为代表的"旧党"，全部废除新法。苏辙和苏轼两兄弟都曾对新法进行过激烈反对，于是也重新得到重用。苏辙的升迁速度更是快得惊人，从小小的校书郎，一路晋升为副相——尚书右丞，进入了执掌朝廷决策的核心队伍。而这段时间，既是苏辙为官生涯中的巅峰时期，也是苏辙得以充分展示他那刚正不阿与施政为民的政治思想的时期。

在苏辙看来，司马光虽然"清德雅望"，却"不达吏事"。他认为司马光只看到了王安石变法中对百姓不利的一面，却没看到变法带来利民强国的一面。苏辙与司马光的看法不同，他不偏不倚，一边努力纠正王安石变法中存在的一些过激方式，一边又劝阻司马光等人想要将新法全部废除的荒唐之举，努力做到"因弊修法，为安民靖国之术"。

司马光以王安石的免役法有害、给百姓们带来了很多不便为由，主张废除免役法，复行差役法，其实差役法的弊端一点儿都不亚于免役法。对此，苏辙提出了自己的看法和建议。他认为，役法所涉及的事务众多，盘根错节十分复杂，只有慢一些实行，才便于制定得更加完善详尽。毕竟在当时，免役法实行了二十多年，如果一下子废除，官吏和百姓们还不能完全习惯和适应。他认为，如果不思虑周全就立刻重新推行差役法，恐怕在实行之后，又会出现新的各种各样的问题。他建议暂时行旧役法，同时催促相关官员来审议差役法，务必在年末之时制定出新的法令，等第二年再具体实行差役法。

王安石当初私自将《诗经》和《尚书新义》列入科举考试的篇目，对此，司马光想做出改变，为科举重新设立新的条例。苏辙委婉劝告：明年秋天就要科考了，新的条例并不是一时半刻就可以制定出来的。诗词歌赋虽然只是小技，但是需要讲究声律，想要有所得，也得下功夫研究才可以。至于研究"四书五经"，诵读还有讲解，就更不是轻易能做到的事情了。总而言之，新的科举条例，明年还不能够实行。苏辙请求第二年的考试还照旧，只是可以加一条：应试者对于经书的理解可以自由选取注疏以及各家的议论，也可以对此提出自己的见解，而不是像从前那样专用王安石的学说。他还建议去掉那些关于律令释义的考试内容，让应试者人知道这些都是有定论的，以便应试之人安心读书，专心做学问，等待科举考试。苏辙认为，等这次考试结束后，有足够的时间慢慢考虑新条例的制定，到时候新的条例制定出来，再废除旧的科举条例也为时不晚。苏辙的这些建议，显然既符合当时的实际情况，又对百姓和学子们有利，更有利于国家政策完善和社会的长治久安。

司马光是苏辙和苏轼的恩师，在他们二人的仕途上也多有帮助和提携。而王安石因为与苏家兄弟政见不和，曾多次排挤二人。但是，苏辙在议政之时，却可以做到将个人恩怨置之度外。苏辙心地纯净，做事不徇私情，正直不阿，在政治境界上达到了一个非常高的高度，甚至远远超过司马光等人。

北宋元祐八年（1093年）九月，高太后去世，宋哲宗亲政。哲宗自即位以来，每日默默旁听祖母发号施令，大臣们对他也不怎么尊重，使得他对祖母和大臣们越来越不满，甚至心生怨恨。如今亲政，第一件事就是违规提拔了亲信宦官。宰相吕大防立刻提出反对意见，苏辙也紧接着出来反对，他认为皇上刚刚亲政，朝廷内外都在等着一个圣明的皇帝，如果上来就提拔宦官，必然会遭受非议，民心不稳。然后苏辙讲了宋哲宗曾祖父宋仁宗的事情，当初宋仁宗遇到的情况与如今类似，但是他亲政之后，首先就是下旨严格规范用人制度。宋哲宗听完，无法反驳，只好作罢。

后来，宋哲宗在一些奸佞之人的挑唆和怂恿之下，以"子承父志"为名，对元祐大臣展开了疯狂的报复和打压。这一行为无疑将这段刚刚才建立起来的经济繁荣、政治清明时期拽入了黑暗境地。

这时候，形势对苏辙已经十分不利，但是他仍旧希望可以匡扶朝政。为此，苏辙上书给宋哲宗，表明在元祐年间，之前那些好的政策，上下都一直奉行，并不曾有所更改，只是针对一些不恰当的地方进行了适当的补救，所以才使得朝廷政治清明，人民安居乐业，经济繁荣发展。苏辙列举了两汉与本朝的事例，他劝说宋哲宗："愿陛下反覆臣言，慎勿轻事改易。若轻变九年已行之事，擢任累岁不用之人，人怀私忿而以先帝为辞，大事去矣。"

到了朝堂之上，苏辙再次据理力争，虽然态度十分诚恳，却依然惹怒了宋哲宗。因为找不出合适的理由，宋哲宗居然斥责苏辙不应该将先帝比作汉武帝。苏辙回答说汉武帝是明主，宋哲宗声色俱厉，怒火中烧道：汉武帝穷兵黩武，末年痛下罪己诏，算什么明主？苏辙只好下殿等候发落。在场众臣皆噤若寒蝉，没有人敢替苏辙求情。只有范仲淹的儿子范纯仁，从容平静地上前奏道：汉武帝雄才大略，史书上并无贬低之词，苏辙将其比先帝，绝对没有诽谤先帝的意思。陛下刚刚亲政，进退大臣应当以礼待之，不能像呵斥仆人那样来对待大臣。宋哲宗与范纯仁争辩了几句，说不过他，只得强压怒火，但是退朝之后，却立刻下旨罢黜了苏辙的丞相之位，连贬汝州、袁州、筠州及崔南等地。

苏辙的英勇与正直，为他赢得了一片赞扬之声。当时的中书舍人吴安诗奉命草拟制书，他按捺不住自己对苏辙滔滔不绝的敬仰，顶着惹怒皇帝的后果，奋笔称赞苏辙，写下了"风节天下所闻""原诚终是爱君"这样的话。

苏辙的为人担得起"风节"二字，这是对他最为公正的评价。苏辙一生正直，高风亮节，大公无私，忧国忧民，以国家和百姓的利益为他此生的最高追求。

苏轼和苏辙的父亲苏洵年少时期四处游历，走遍了大江南北，见多识广。在这样一个视野开阔、胸襟广阔、知识渊博的父亲潜移默化的影响下，苏轼和苏辙长大之后的所作所为似乎也不难理解了。

淡泊偏远仕途路，乐享无味粗糙食

苏轼21岁中进士，却仕途坎坷，为官四十余年，屡屡遭到排挤，常常被贬到远离京师的地方，过着颠沛流离的生活。为官期间，他一直勤俭节约，廉洁奉公，过着布衣粗食、精打细算的日子，却保持着乐观豁达的生活态度，稳重而不浮躁。他曾给朋友写信道："口腹之欲，何穷之有，每加节俭，亦是惜福延寿之道。"这句话的意思是：饮食的欲望是永远不会得到满足的，每天加以节俭节约，这也是珍惜自己的福气和延长寿命的好方式。

北宋元丰三年（1080年），苏轼因为"乌台诗案"被贬到黄州，担任团练副使，俸禄比以前少了很多。但是，他这微薄的收入还得维持一家人的吃穿用度。因为这件事，他绞尽脑汁最终想出了一个办法：每月初一，苏轼从他的积蓄中取四千五百钱，把它们平均分成三十串，然后把这三十串铜钱悬挂于屋梁之上。每天需要用的时候，就用画叉挑下一串铜钱作为一整天的生活开支。即便如此，他依旧会仔细权衡，不需要的东西坚决不买，每天买菜买米的用度不超过一百五十钱，剩下的钱就放到一个大的竹筒里面，积攒下来以招待客人。他还在朋友的帮助之下于城东开垦了一块荒地，自己耕种。这样清寒的日子，苏轼倒过得有滋有味。

平日在生活上，苏轼也严格要求自己，他十分反对大吃大喝铺张浪费的行为。他曾写过一篇《节饮食说》的小文，内容是："东坡居士自今日以往，早晚饮食，不过一爵一肉。有尊客盛馔，则三之，可损不可增。有招我者，预以此告之。主人不从而过是者，乃止。一曰安分以养福，二曰宽胃以养气，三曰省费以养财……"他把这篇小文贴在自己家的墙壁上，让家人互相监督执行。

苏轼告诉他的家人，自己每顿饭荤菜只吃一个，酒只饮一杯。如果有贵客来访，设盛宴招待，荤菜不许超过三个，菜色只可少不能多。若是有人请自己吃饭，那么也会事先告知对方，不要超过他定下的这个标准，如果对方不同意，那么他就干脆不去赴宴。

有一次，苏轼和一位朋友久别重逢，这位朋友请苏轼去他家里吃饭，于是苏轼嘱咐朋友且不可大操大办，他的朋友点头应允，却并没有将此事放在心上。过了几日，苏轼应约去朋友家赴宴，发现酒席异常丰盛，他略感不悦，于是婉言谢绝了入席邀请，拂袖离去。在苏轼走后，这位朋友感慨道：想当年东坡遭难之时，生活很是节俭。不曾想如今他身居高位，本色却依然不改。

除此之外，苏轼不论在哪个地方做官，都会常常去山上、野地里挖野菜来吃。"狂吟醉舞知无益,粟饭藜羹问养神。"这是他在《宋乔全寄贺君》一诗中所写,以此劝诫他人不要每日醉生梦死,而是要粗茶淡饭注意养生。

苏轼在《菜羹赋》里写道:"东坡先生卜居南山之下,服食器用,称家之有无。水陆之味,贫不能致,煮蔓菁、芦菔、苦荠而食之。其法不用醯酱,而有自然之味。盖易具而可常享。"这句话的大体意思是说,苏轼选择住在南山脚下,穿的衣服和吃的东西,也都与他家境相吻合。那些山珍海味,他因家境贫寒,没有办法去享用,于是把一些大头菜、萝卜、荠菜放在一起煮了来吃。吃的时候不需要蘸酱料,就是吃那种自然的美味。而这些蔬菜非常容易获得,所以他能够经常吃。这是一段苏轼真实生活的记录,字里行间透露出他甘于粗菜淡饭的观念。

当年苏轼被贬惠州之时,听人介绍得知沙井一代的人们善于养殖归靖蚝。他读过梅尧臣的《食蚝》,对此十分感兴趣。他的朋友为他专门买了归靖蚝,做好了给他吃。苏轼品尝之后赞不绝口,从此养成了食蚝的习惯。

苏轼第一次在惠州吃到荔枝,对其称赞不已,后多次在自己的诗文提到,其中最为脍炙人口的就是"日啖荔枝三百颗,不辞长作岭南人"。苏轼在惠州的心情已经比之前被贬黄州的时候平静了很多,失意的情绪也少了很多。

当时苏轼在惠州十分受人尊敬,他住在一座寺庙里面,还写出了"报道先生春睡美,道人轻打五更钟"这样的诗句。却不曾想,他的诗传到了京师,被朝廷认为"过得太快活",于是再次被贬，这次被贬到了海南儋州。

苏轼是一个十分旷达之人，任何逆境都改变不了他开朗、诙谐的性格。当年被贬谪黄州之时，他曾经写信给朋友道："黄州鱼稻薪炭颇贱，甚与穷者相宜。然轼平生未尝作活计，俸入所得，随手辄尽。而子由有七女，债负山积，贱累皆在渠处，未知何日到此。现寓僧舍，布衣蔬食，随僧一餐，差为简便，以此畏其到也。"困难到捉襟见肘甚至没有钱可以让自己的家人与自己团聚。等到了儋州以后，苏轼发现这里靠海，食蚝十分方便，比当时在惠州时候更为便利，于是常常跑到海边去食蚝，还给弟弟苏辙写信说道："无令中朝士大夫知，恐争得的谋南徙，以分此味。"这句话的意思是，你千万不要告诉朝廷中那些人生蚝有多么的好吃，以免他们一个个过来抢生蚝吃。其实那些大臣们又怎么会真的为了一口吃的跑来这种偏远的地方呢，这也不过是苏轼口中的玩笑话罢了。

苏轼的勤俭节约、乐观开朗，都使得他在这些清苦的日子里，能够悠然自得。

水调歌头：兄弟亲和传佳话

苏辙和苏轼，二人之间的感情自古以来一直为人们所津津乐道。俗话说：打虎亲兄弟，上阵父子兵。古来也不是没有兄弟情深，相亲相爱，却未曾见过有胜于他们二人的。《宋史·苏辙传》中提到，苏辙和苏轼二人进退出处，从无不同。纵观二人的官场生涯，也的确如此。

苏辙和苏轼的名字都和车马有关，他们的父亲苏洵曾经写过一篇《名二子说》来加以解释，也足可以看出苏洵对于这兄弟二人的良苦用心。对于苏轼，之所以起名为"轼"，是因为苏洵希望苏轼可以察言观色，遇到事情不要冲动，要沉着冷静，学会掩饰自己内心真实的想法，对人不要太过于坦诚和直白。对于苏辙，之所以起名为"辙"，是因为苏洵希望苏辙能安心做车辙，虽无法富贵享乐，却也能够免遭祸事，平平安安过此一生。可巧的是，这兄弟二人的性格和人生竟然与当初苏洵的期望几乎一模一样。

苏辙与苏轼在性格上存在很大差异。苏辙内向，为人含蓄，恬淡沉静；而苏轼外向，锋芒外露，旷达不羁。少年时期，二人一起出门游玩，只要遇到可以攀登的山、可以游泳的河，苏轼一定是撩起衣摆急急地跑前头，而苏辙则会先观察一番，等确定没有危险，这才不慌不忙地跟上兄长。

苏辙自幼与兄长苏轼在一处学习，二人一起进出，一同玩耍，不曾有一日相分离，感情极为深厚。苏辙只比苏轼小三岁，可正因这三岁之差，让苏辙近乎活在兄长的影子之中。原本才华横溢的苏辙，因为兄长的光芒，反而显得有些黯淡无光了。不过，对此苏辙毫不在意，他从小仰望兄长，别人对兄长的肯定，他与有荣焉。当然，苏轼对于弟弟的才华从来不吝惜夸奖，他曾经说过："子由之文实胜仆，而世俗不知，乃以为不如。"

苏辙与苏轼两兄弟生活在同样的家庭，有着相同的教育背景，甚至连科考及仕途经历都是大致相同的——他与兄长苏轼同中进士；北宋嘉祐六年（1061年）又同举制科；之后二人都当了一阵子地方官；北宋元丰二年（1079年）的时候，苏轼因为"乌台诗案"被贬到黄州，而苏辙也被贬到了筠州。

不过，由于兄弟二人性格不同，在官场之中，苏轼这个兄长就显得莽撞又笨拙，就像是一个不谙世事凶险的毛躁弟弟；而苏辙则像一个总会在关键时刻挺身而出，竭力庇护自家那个不断惹是生非的"弟弟"的大哥哥。"乌台诗案"时，苏轼身陷牢狱之灾，苏辙甚至上书给朝廷"乞纳在身官，以赎兄轼"，却一并遭到了贬谪。

苏轼被关押在牢里的时候还发生了一件事。因为当时情况不明，苏轼惴惴不安地等待最后判决。虽无法与家人见面，但他与儿子苏迈早已约好若被判死刑送饭时就送鱼。这日，银两用尽的苏迈要出京借钱，就拜托自己的朋友去送饭，却忘记交代朋友自己与父亲暗中约定的事情。苏迈的朋友想着给苏轼送点好吃的，就在食盒里放了条熏鱼。苏轼见到鱼，以为自己命不久矣，顿时跌坐到地上。他极度悲伤，万念俱灰。但一想到弟弟苏辙，又不由心生焦躁，不知道在外面的弟弟是否会出事。想到二人飘摇的命运，苏轼悲从中来，提笔为苏辙写下了两首诀别诗，并请狱卒代为转交。狱卒按照规矩呈给了宋神宗，皇帝看完之后颇为感动，他本就无杀苏轼之意，加之朝中众人求情，就对苏轼从轻发落。后来苏轼出狱，苏辙去接，二人的情深义重也可见一斑。

苏辙和苏轼为官之后，总是聚少离多，所以兄弟二人做得最多的就是给对方写信。苏轼几乎每到一个新地方就会给弟弟苏辙写信寄诗，几十年从来不曾间断。其中仅以弟弟的字"子由"为题目的诗词就有一百多首。

北宋熙宁四年（1071年），苏辙升官为尚书右丞，而这时候兄长苏轼因得罪了王安石，遭到了排挤而请求外任回避，去了杭州。三年之后，当时苏辙在济南任掌书记，由于思念弟弟，苏轼就请求去东州做太守，因为这里距离济南比较近，结果并未成功。后来，苏轼被批准到密州去做太守。济南和密州两地的距离并不遥远，但是已经六年未曾相见的兄弟二人仍旧无法团聚。

北宋熙宁九年（1076年），恰逢中秋，苏轼举杯邀月，心潮起伏。中秋之日应该一家人团聚，一起赏月吃月饼，而现在自己却跟弟弟分隔两地，不由得在心中涌现出许多悲欢离合之情。于是他命人取了纸笔，一首词就这样一气呵成，这就是著名的《水调歌头·明月几时有》："明月几时有？把酒问青天。不知天上宫阙，今夕是何年？我欲乘风归去，又恐琼楼玉宇，高处不胜寒。起舞弄清影，何似在人间！转朱阁，低绮户，照无眠。不应有恨，何事长向别时圆？人有悲欢离合，月有阴晴圆缺，此事古难全。但愿人长久，千里共婵娟。"

　　对所有人来说，亲情都是一笔宝贵的财富。得兄如此，是苏辙之幸；得弟如此，是苏轼之幸。古来兄弟反目者比比皆是，且不提曹植和曹丕的例子，就拿当时同为"唐宋八大家"之一的曾巩来说，他的两个弟弟曾布和曾肇就因为政见不和闹得不可开交。相比之下，苏家两兄弟的感情实在是令人赞叹！

　　苏辙和苏轼的母亲程夫人从小就教导他们要努力读书，学习古人的气节，以此来勉励自己，父亲苏洵也经常教导他们做人的道理。在良好家风的潜移默化影响下，苏家兄弟二人共同成才，相亲相爱，更是患难与共，彼此扶持。正因如此，才有了苏轼的那句：与君世世为兄弟，更结来生未了因。而他们之间的兄弟情谊也如同他们所作的诗词一样，成为千古绝唱。

第八章 朱熹家训：宽仁济世，忠孝治家

君之所贵者，仁也。臣之所贵者，忠也。父之所贵者，慈也。子之所贵者，孝也。兄之所贵者，友也。弟之所贵者，恭也。夫之所贵者，和也。妇之所贵者，柔也。事师长贵乎礼也，交朋友贵乎信也。

　　见老者，敬之；见幼者，爱之。有德者，年虽下于我，我必尊之；不肖者，年虽高于我，我必远之。慎勿谈人之短，切莫矜己之长。仇者以义解之，怨者以直报之，随所遇而安之。人有小过，含容而忍之；人有大过，以理而谕之。勿以善小而不为，勿以恶小而为之。人有恶，则掩之；人有善，则扬之。

　　处世无私仇，治家无私法。勿损人而利己，勿妒贤而嫉能。勿称忿而报横逆，勿非礼而害物命。见不义之财勿取，遇合理之事则从。诗书不可不读，礼义不可不知。子孙不可不教，童仆不可不恤。斯文不可不敬，患难不可不扶。守我之分者，礼也；听我之命者，天也。人能如是，天必相之。此乃日用常行之道，若衣服之于身体，饮食之于口腹，不可一日无也，可不慎哉！

　　　　　　　　　　录自《紫阳朱氏宗谱》

朱熹是南宋时期的理学家，著名的思想家、哲学家、教育家、诗人，也是我国自孔孟荀之后又一位儒家大师。他的很多言论、书籍都成为南宋之后学子的至理名言，或是必读文章，甚至所著的《四书章句集注》更是成为明清时期朝廷钦定的教科书和进行科举考试时试题的标准、答案正确与否的衡量尺度。朱熹在教育后代子孙上留下了317个字的家训，这317个字字字珠玑，内含深刻的做人、做事的道理。

在朱熹的家训中，教导子孙的重点都放在了家庭中，只有在家庭中懂得礼义廉耻和为人的道理，才能够在以后的生活中保持最开始的本性。所以朱熹的家训中教、慈、孝、友、恭、柔占了大部分的篇幅，也正因如此，朱熹的家族才能长存于更替的朝代之中。

见老者敬之，见幼者爱之

朱熹《家训》云："见老者，敬之；见幼者，爱之。"这是朱熹认为在对待老人和孩子时应该做到的态度,而这种思想和态度是在其父朱松的教导下形成的。朱熹是朱松在夭折数子后最小的一个儿子,他对这个儿子寄予厚望,希望儿子能够博学多才又品德高尚,很早便为朱熹开展启蒙教育,在他年幼的时候为他请了私塾先生。

根据《宋史》四百二十九卷记载,朱熹刚刚开始读书的时候,私塾先生带领学生通读《孝经》,朱熹就在书的空白处写下了六个字:"不若是,非人也。"这是朱熹在读完《孝经》后的理解。当然,这也许是因为当时的朱熹刚刚离开父亲,心中十分想念,所以才写下了这六个字,以表达其对父亲的依恋之情,但这也从侧面体现出朱熹是一个极其看重感情的人。他孝顺、敬爱自己的父母,体悟到了《孝经》中阐述的对长辈、老者应有的态度与作为。

朱熹8岁开始学习《孟子》,并且深深迷上了孟子的思想与著作,这得益于父亲朱松的熏陶。朱松本人就偏好"二程"理学,受"二程"理学的影响,对《孟子》这本书熟读谨记,自然在教导儿子朱熹的时候产生了潜移默化的效果。

朱熹对《孟子》一书爱不释手,也进行了很多次通读,对《孟子·梁惠王上》中"老吾老以及人之老,幼吾幼以及人之幼"印象颇深。这句话表示,对待和自己没有血缘关系的老人、孩子也要像对待自己的长辈和孩子一样尊敬、爱护。朱熹将这句话深深地记在了心中,同时也记着父亲对自己的教诲,所以朱熹在编写家训的时候便将自己对这句话的理解写了进去,以作后人对待老人和孩子的行事标准。

朱熹在对待长者的态度上，受到了其父朱松的深刻影响。朱熹刚刚满13周岁的时候，朱松就生病去世了，生前他将朱熹托付给了一位在福建崇安县的好友刘子羽，又拜托他在崇安县的其他朋友刘子翚、刘勉之、胡宪教导自己的儿子。弥留之际，朱松将朱熹叫到床前教导和叮嘱，让他对待四人要如对待自己的父亲一般尊敬。朱熹没有辜负父亲对他的嘱托，对待教导自己的刘子翚、刘勉之、胡宪以及照顾自己的刘子羽都敬爱有加。这是朱松在临终前对朱熹进行尊敬有德长者的教导，也是最后一次教导，朱熹长记心中。

当然，朱熹在对待老者的态度方面也是有自己的判断标准的，只有那些真正有德行的老者才值得被尊敬，正如他所说："有德者，年虽下于我，我必尊之；不肖者，年虽高于我，我必远之。"这便说明了朱熹在对待不同老人时的不同的态度。

朱熹年轻的时候，从建阳到泉州同安县上任，途中经过莆田，想要拜访这里的一位德高望重的老者，并希望能从他那里得到文学方面的教导。老者名为郑樵，很有学问，德行也很好，他知道朱熹是来请教学问的，就在自己的夹漈草堂里与他相谈。在交谈中，朱熹并没有因为自己的才华而表现得恃才傲物，而是谦卑恭顺地与之讨论学问，郑樵非常欣赏朱熹这位后生。

朱熹拿出自己的书稿请郑樵过目指教，郑樵接过书稿，放在桌上。之后，他燃起一炷香，异香立刻扑面而来。而在这时，一阵山风自窗外吹来，把桌上的书稿一页一页地掀了开来。郑樵却一动不动地站立着，像被窗外吹来的清风熏醉了一般。等到风吹过后，才转过身来，把手稿还给了朱熹。二人促膝而谈了三天三夜，朱熹受益良多，特地写了一副对联表示感谢。而后，年逾五旬的郑樵将朱熹送出草堂，在朱熹走远回头望向草堂的时候，郑樵依旧没有离开。

　　作为一个文人，郑樵也有着天下所有文人一样的骄傲，他能待朱熹如贵客，不仅仅是因为朱熹礼数周全才学过人，还因为朱熹对他的尊敬有加。

　　朱熹对自己的儿子的教育也颇为严格，在他们年幼的时候，朱熹就将父亲教导自己的道理教授给了孩子们，希望他们能够将朱家的家风保持下去。朱熹在给长子的信中就曾教导儿子尊敬老者，在《朱子文集》也说："朋友年长以倍，丈人行也。十年以长，兄事之。"朱熹的儿子谨记这些教诲，在以后的人际交往中也恪守着父亲的教导。

仇者以义解之，怨者以直报之

朱熹一生熟读儒学经典，以期能够成为如孔孟一般的圣贤之人，所以他在为人处世上也极尽所能地向圣贤靠近。朱熹年幼时，得父亲朱松的言传身教，尤其是在面对与自己有仇怨的敌人的时候，应当怎么做才最为合理自有一定之规。同时，朱熹还在读书后按照自己在先贤著作中所获得的、理解的处理方法，与父亲的教导融合在一起，变成自己的方法再传授给自己的孩子，使得朱家家训趋于完善。由此，家训中便出现了"仇者以义解之，怨者以直报之"的训诫之语。

朱熹的父亲朱松非常有爱国情怀，他在南宋朝廷中属于主战派，与主和派的秦桧有很大冲突，两派相争，最后主战派失败，朱松由此被贬官。之后，朱松病重，临终时只是叮嘱朱熹要忠君爱国，不可荒废学业，却没有提及那些政见不同的朝敌，没有要求朱熹以怨报之。

《论语·宪问》中记载了孔子的言行：孔子的学生曾经问孔子："以德报怨，何如？"子曰："何以报德？以直报怨，以德报德。"这便是孔子对待恩怨的态度，朱熹很赞同孔子的话，并且将这种对待仇敌的态度按照自己的理解写入家训以告诫后人："仇者以义解之，怨者以直报之。"对与自己有仇怨的人，我们要跟他讲道理来化解这段仇恨，让对自己有怨恨之心的人感到自己的诚意，用和平的方法而不是诉诸武力去解决，更不要选择"以暴制暴"。不管在什么样的情况下与别人发生误会，都应该"随遇而安之"，不要为了一点不足挂齿的事情怀恨在心，甚至于发展到不可收拾的地步。要有"人有小过，含容而忍之；人有大过，以理而谕之"的处世态度；要学会理解别人、体谅别人、原谅别人；要做到以理服人。毕竟很多恩怨都是彼此之间存在误会，只要真诚地、坦率地、公正地与对方解释清楚，那便没有什么恩怨是不能解开的。

在孔孟二圣中，朱熹更推崇孟子，孟子倡导"人之初，性本善"的性善论，朱熹承袭了这一观点，认为当与他人产生嫌隙时，不应通过武力，而是要以言论和证据去说服对方，使彼此解开误会，消除仇怨。

朱熹在对待与自己持不同学术观点的学者和文人的时候，并没有秉持老死不相往来或是彼此仇视的态度，而是通过学术辩论的方式，达到互相理解、解除误会的目的。即便仍旧无法理解对方的学术思想，他也能够做到心平气和地相处。朱熹与陆九渊在学术上存在争论，彼此学说各持己见，曾在信州鹅湖寺举行学术辩论，虽然在辩论中他们谁也没有说服谁，但在此基础上，彼此进行了更深层次的了解，并建立了深厚的友谊。后来陆九渊的兄长过世，陆九渊还请朱熹为其兄长的墓碑作墓志铭。虽然双方的学说分歧依旧存在，但是，彼此间不再各不相干，或是任由学说误会发展下去直至彼此仇视。

朱熹在家训中特别提出，在人与人的交往过程中，不要随意评说别人的缺点，也不要在背后中伤他人，更不要因为自己有了一点小小的功绩就到别人面前去炫耀，要时刻谦逊，不断学习。

淡名利，忠君国，驱弊政，修正身

朱熹一生都深受两位父亲的影响，一位是朱熹的亲生父亲朱松，另一位是朱熹的义父刘子羽，此二人在求学理念和为官之道上都对朱熹产生了深刻的影响。

朱松一生淡泊名利，同时抱有一腔爱国热情。作为一名文官，朱松希望大家能够与金国一战以夺回故有领土，但朝堂之上主和之风日盛，他只能怀揣着爱国热情郁郁而终。

朱松将一腔爱国情怀都传递给了儿子朱熹，以期他能传扬自己的爱国遗志。朱熹10岁那年，病重的父亲对他说：太祖建立大宋王朝，已经一百八十年了。说到这里，朱松就开始不断地叹气，之后接着说道：现在想来，又一个甲子过去了，我现在沦落成这样，以残病之躯，根本不可能尽到一个臣子的责任。父亲的这段话始终萦绕在朱熹耳边，朱松的感慨以及爱国尽忠的精神一直在鞭策着朱熹。

朱熹13岁丧父，受朱松之托，刘子羽做了朱熹的义父。刘子羽之父乃是抗金名将刘韐，北宋灭亡后刘韐出使金国，他拒绝金国的诱降自杀殉国，刘子羽怀着满腔的悲愤将父亲的灵柩从金国运送回乡安葬。他继承了父亲的遗志，也继承了父亲的秉性，也是南宋朝堂上的主战派。刘子羽富有谋略，屡建奇功，曾经深得器重，只是在后来的朝堂上因与秦桧政见不合而被罢官归家。赋闲在家的刘子羽壮志难酬，他与朱松有着相似的经历，怀着相同的爱国情谊。朱松去世的时候，朱熹才13岁，正是世界观、人生观、价值观正在建立的时候。在这个时期，刘子羽在言行和思想上的教导对朱熹来说有着非同一般的影响，刘子羽和朱松的爱国情怀、壮志难酬的悲哀，使得朱熹将两位父亲的遗志当成了自己的志向。

朱熹进入仕途的时候，南宋与金国还有战事，可惜的是朱熹只是一介文人，不能上战场，因此只能在政事上施展自己爱国忠君的抱负。朱熹在面对南宋黑暗朝堂之时仍能挺身而出，不畏强权，向皇帝上书弹劾贪官污吏，成为昏暗朝廷中难得一见的"光明"。

南宋淳熙八年（1181年），浙东发生大饥荒。因为淳熙五年（1178年）朱熹曾在南康赈灾有方，宰相王淮便向宋孝宗举荐朱熹。孝宗命朱熹为浙东提举，即刻上任赈灾。在上任赈灾的途中，朱熹经过衢州、婺州再到绍兴，对所有发生灾情的地方进行了认真考察，有了赈灾的方法后，朱熹便去面见皇帝，向皇帝陈情。虽然得到了皇帝口头的承诺，但还是发生了很多让朱熹没有办法全力赈灾的事情。首先是朝廷允诺的赈灾款久久未曾发放，这样一来，赈灾粮便无处可得。因此朱熹发动当地的富户来捐粮，但当时的朝廷并没有免除受灾地区的税粮，使得朱熹的工作越来越艰难，也因为自己对捐粮者的承诺没有兑现，又挡了贪官污吏发财的道路，引来了骂声一片。朱熹上奏的情况与朝廷的实际要求发生了偏离，朝廷只是要求朱熹去赈灾，但是朱熹却提出了各种革除弊政的措施，以从根本上解决灾害发生的根源问题，这就站在了朝廷的对立面。但是朱熹依旧坚持自己的立场，不断地上书抨击当前救灾制度的弊端。

当时，朱熹去往浙东各受灾之地进行视察，在台州之地发现了当地官吏的不法行径：台州知府唐仲友中饱私囊，在大灾中仍然征收各种税款；他滥用职权，在台州各个地方要职上安插亲属，以公谋私。朱熹上书朝廷，希望皇帝能够严惩唐仲友，但是唐仲友在朝廷中有宰相王淮做靠山，朱熹的所有奏书都被扣住了。但是朱熹依旧坚持上书，可最终朝廷只是小惩了唐仲友，而朱熹因为触犯了权臣利益，最后只能愤而辞官。

朱熹深谙"为官之道，为国为民"，他在惩治贪官污吏时敢于直面朝廷的达官权贵；在认为对国家有利的政策上据理力争，并不看重自己的荣辱得失。朱熹在教导后代子孙的时候会将父亲在临终时告诉自己的话讲给他们听，以期子孙在为官做事的时候能如自己和先辈一样忠君爱国。

慈、教、孝、友、恭、柔：治家之准则

朱熹的家训中只有317个字，但是在这数百字中超过五分之一的内容都在阐述儒家思想。儒家对人的要求是：仁、义、礼、智、信，朱熹的家训中也包含了为人处世的要求，是他通读儒家经典并对先圣先贤的做人标准精华的浓缩。朱熹注重情感人伦，对父亲、母亲以及妻儿都投注了极多的情感，提倡家庭关系要融洽，并提出了明确的要求。

家庭对一个社会来说是必不可少的基础，如果没有了众多的家庭单位，这个社会也就不能被称为社会。而想要立身社会，首先要学会治家、齐家。朱熹家训中的慈、教、孝、友、恭、柔就是对每一位家庭成员行为的要求。

家训中的"父之所贵者，慈也"，就是希望父母对子女要做到慈爱和教导。朱熹对待自己的儿女，慈爱而不溺爱，还非常重视儿女的教育问题。朱熹虽然年少丧父，但是朱松在世时对他的教导从没有放松过。

朱熹成年后娶妻生子，也如他的父亲一般爱护子女，同时对子女进行严格教导。朱熹的长子叫朱塾，朱熹对他投注了大

量的精力和情感。朱塾幼年非常顽皮，朱熹就给他定下了严格的规矩，要求他每日不管去什么地方都不能单独行动，要与家里的兄弟还有叔侄一起行动。如果朱熹发现朱塾的功课退步了，他就会亲自为儿子调整和制定课程。

后来，朱熹担心朱塾留在身边，自己会因为溺爱而在管教上出现差错，不利于儿子的成长，而此时已经渐渐长大的朱塾也出现了一些不好的习惯。于是，朱熹不惜将朱塾送到千里之外他的朋友吕祖谦处，请吕祖谦来管教。送走朱塾之前，朱熹给他写了《训子从学帖》，从日常的琐碎生活到详细的待人处世都做了具体的交代和告诫。

朱熹一共有三子三女，不管孩子是否已经长大或是出嫁，朱熹都会对子女在一些事情上进行教导，而这些教导的言论还在朱熹的女儿朱兑所嫁的夫家成为家训，一直流传下来。据记载，朱熹因为想念已经出嫁很久又没回过娘家的女儿朱兑，就自己上门看望女儿，当时女婿黄干在外地做官，可女儿因为家中贫困，无法拿出珍贵菜肴招待父亲，只能让许久未见的父亲吃葱汤麦饭，这令朱兑感觉非常难过。看出女儿心思的朱熹反过来安慰女儿，并在书房写下了"葱汤麦饭两相宜，葱补丹田麦疗饥。莫道此中滋味薄，前村还有未炊时。"这首诗，朱兑看后，甚感安慰，朱熹也借由这首诗教导女儿要常怀安贫乐道的品性。

朱熹不仅在教导子女上尽心尽力，他还尤为关注子孙后代的教育，他把两个孙子朱钜、朱钧送到黄直卿那里求学，并请黄直卿要求他们不得随意外出,出入都要请假,且必须有人陪同,同时不能放松对功课的要求。

朱熹在家训中强调孝道:"子之所贵者,孝也。"朱熹年少丧父,与母亲相依为命,母亲祝氏在朱熹40岁时因病身故,朱熹便在母亲墓前结庐守孝三年。

朱熹对家庭中的夫妻关系也有一定的要求,倡导夫妻和睦,相敬如宾,因为只有夫妻相处融洽,孩子才能在良好的生活环境中健康成长。所以朱熹说:"夫之所贵者,和也。妇之所贵者,柔也。"就是说在夫妻的日常相处中,做丈夫的要有一个平和的心态,不要因为日常琐事就与妻子争吵,更不要诉诸武力,遇事要平静温和地与妻子商量。作为妻子,要温柔和顺,在丈夫情绪波动时能够温柔体贴,劝解丈夫。这样夫妻二人在生活中才能互敬互爱。朱熹与结发妻子刘清四感情甚笃,朱熹在临终前,还坚持为早已去世的妻子写悼文,以抒发自己对妻子的思念之情,所用词语质朴无华,读来却催人泪下。

朱熹很看重家族,他在为官后便回到祖籍婺源买回了当年父亲卖掉的百亩祖田,将田产的地契交给自己的三叔,随后又拜会了朱氏家族其他的长辈和族人,最后祭祀祖先。在家族的血缘教育中,朱熹认为兄弟姐妹应当做到互相友爱,做到长兄友善,弟弟恭敬兄长,这样家庭才能和睦,兄弟姐妹间的感情才能长久维持下去,正如朱熹的家训中所写"兄之所贵者,友也。弟之所贵者,恭也"。

朱熹对家庭各成员的要求很详细，而他自己也秉承这些"原则"，无论是对子女的爱护、教育还是和妻子的举案齐眉，抑或是对家族血缘关系的重视以及相处之道，他都以身作则，并通过家训的方式把这种为人之道传承给了后世子孙。

第九章 张英家训：厚德载物，敬慎谦和

张英,字敦复,又字梦敦,号乐圃,又号倦圃翁,清朝名臣,也是名臣张廷玉之父。张英幼读经书,过目成诵,聪颖过人。清康熙六年(1667年)中进士,最初担任翰林院庶吉士,后累官至文华殿大学士兼礼部尚书。张英一生勤俭谨慎,深知民生疾苦,深获皇帝倚重,康熙皇帝称其"有古大臣之遗风"。

张英为子弟所作家训《聪训斋语》影响深远。他根据自己的经验和理解,总结先人为人处世、修身立品的经验和教训,对饮食穿着、读书立品、择友交游、勤俭持家、为官立业等方面提出了行为标准,处处透露出深远的智慧,对其子孙后代的成长和成才起到了非常好的导向作用。

在良好家风家训的熏陶之下,张英的儿子张廷玉一生仕途颇为平顺。张廷玉终生恪守家训,为人公正无私,处事得体周到,甚至与雍正皇帝"名曰君臣,情同契友"。

张英"让路":墙下有尺度,内里有乾坤

张英是清朝的大学士,他为人乐善好施,为官正直清廉,深知民间的疾苦,康熙皇帝十分信任和器重他。

据史书记载,康熙皇帝曾经称赞张英"始终敬慎,有古大臣风"。张英对自己十分严格,他要求自己经常读书,也要有一颗行善事的心。他的书房门口贴着自己写的一副对联——上联:读不尽架上古书,却要时时努力;下联:做不尽天下好事,必须刻刻存心。张英以此自勉,时时刻刻努力,一直保持着为国为民的博爱之心。

不仅如此,张英还一直怀着一颗宽广谦让之心。

康熙年间,张英时任文华殿大学士、礼部尚书。他老家桐城的老宅与吴家的宅子为邻,而在这两家的宅子中间,有一块空地,平日供双方走动。

有一年,吴家建新房子,要占用这块空地。张家对吴家的行为大为不满,于是双方发生了纠纷,互不相让,最终告到了县衙。当时张家和吴家都是显贵望族,县官左右为难,想要偏袒张家,但是又不敢轻易下结论,于是迟迟没有判决。张英家

人见此情形，便写信给张英，快马加鞭送往京城，大有让张英撑腰的意思。可是张英看完了家书之后，对于家人这种为争夺一小块空地就惊动官府的行为并不赞同。于是他提笔修书一封："一纸书来只为墙，让他三尺又何妨。长城万里今犹在，不见当年秦始皇。"寥寥数语，其中含义却是不言而喻。

张家人接到张英的回信后，为自己的行为感到深深的愧疚，于是毫不犹豫地让出了三尺地基。吴家人也被张英这种"宰相肚里能撑船"的大度感动了，于是效仿张家向后退让了三尺地基。于是，两家之间便形成了这样一条足有六尺宽的巷道，时人称之为"六尺巷"，而张家和吴家也因此和睦如初。朝廷知道了这件事，还特地命人在此处修建了一座牌坊，上书"礼让"二字。

"让他三尺又何妨"，张英的这种大度与礼让不仅仅是邻里之间相处的典范，也代表了一种为官先为人、为人先修身的儒臣风范。世间多少人在争名逐利之时忘记了本心，而张英所带来的，正是世间众人所缺少的一种兼收并蓄、包容万物的精神。

从古至今，为官者最重要的一点就是德才兼备。据史料记载，张英在三藩叛乱时，"一时典诰之文，多出公手"。而在平时，也是"每从帝行，一时制诰，多出其手"。张英曾担任过礼部侍郎、兵部侍郎、工部尚书、翰林院掌院学士、文华殿大学士等职位，他才学出众，处处为国为民，从不将自己的权力用来维护自身利益，严于律己，以德服人，为世人所称赞。

清康熙三十六年（1697年），张英担任会试正考官，那年，张英26岁的儿子张廷玉准备参加会试。为了避嫌，张英没有允许儿子参加这次考试。三年之后，张廷玉进士及第，担任翰林院庶吉士，这也是当年张英曾担任过的官职。

除了要求自己做一名好官之外，张英对孩子的教育也是不遗余力。他在《聪训斋语》中写道：做人应当"立品"，要"读经书、修善德、戒嬉戏、慎威仪、谨言语"。他时常这样教导张廷玉："与人相交，一言一行，皆须有益于人，便是善人。"他还常对儿子说，做人要经常为他人着想，多做一些有益于他人的事情，不要做那些伤害别人的事情。如果做到了这些，那么就一定会成为一个好人，而一个行善积德的人，必然也会有好的回报。

其实从张英的祖父一辈开始，就因为轻财仗义、为人谦逊而为世人所敬重。

有一年冬天，大雪连绵不断，天气异常寒冷。这天夜里，张英的祖父在自家的屋脊上发现了一个已经被冻僵了的盗贼。张英的祖父张老翁心地善良，看到冻僵的盗贼心生怜悯，于是就搬来梯子，把冻僵的盗贼扶了下来。张老翁仔细看了看那盗贼，发现竟然是隔壁的邻居，于是立刻把人扶到自己的书房，并且亲自去厨房拿了饭菜来给他吃。邻居酒足饭饱以后，张老翁又拿出数两金子赠予他，邻居感激涕零、连连道谢。张老翁却摆摆手，悄悄把他送了出去，而张家其他人一点儿也没有发现。

这个邻居对张老翁异常感激,他常常想着报答张老翁,却一直苦于没有机会。后来,他与妻子攒下了一些积蓄,买了五六亩田地。一日,邻居在干活时,看到旁边的田地里站着一位风水先生和一个富家子弟。他听到风水先生说:此地乃是能出卿相的宝地!富家子弟急忙追问验证之法,"只需一根枯竹。"风水先生说,"若是宝地,此竹可活。"

邻居听了大喜,连忙告诉妻子。妻子说:报答张老翁的机会来了。第二天邻居起了个大早,看到枯竹果然活了,于是便拔掉了它,换上了另一根枯竹。没过一会儿,风水先生来了,他看到枯竹,以为自己的话没有应验,于是失望地离开了。

邻居想方设法买到了那块地,想将其送给张老翁。可是张老翁却不收,他说:"贪天必有大祸,不能收。"邻居不停地劝说,最终张老翁拗不过,花钱将这块地买了下来,这就是"竹立城"。

张英深受祖父的影响,亦十分重视家风,他曾经说过,六十多年来家里从不曾有一人被衙门带走,他希望自己的家人以此为鉴,并且希望子孙后代可以世世代代遵守,"居乡则厚重谦和,足以取重于邻里"。

张英还强调,作为世家子弟,更要学会宽厚谦恭。世家子弟从小被家人宠爱、锦衣玉食,即便是傲慢无礼、刁蛮任性,也必然不会有人当面指责规劝。所以,世家子弟必须自小学会谦让恭敬,谨严守礼。假如遇到别人对自己没有礼貌的情况,也要心平气和地去面对。同时反思自身的过错,如果有错,那就及时改正；如果没有就以此勉励自己。古时候的圣人都讲究恭敬、节俭、谦让，现在的人更是不能越过这些古训。更何况即使终生谦让，有些看似吃亏，却实不吃亏。只有保持谦让友敬，才是一个家族可以兴旺昌隆的重要条件。

有一次，张英穿着官服出门，刚刚走到巷子口，就看到远处一个人向他摆手，并且说道：今天是忌日，切不可穿着官服出门啊！张英一听，立马转身回家换掉了身上的官服。事后张英向家里人提起这件事，说自己虽然不认识那个人，却十分感激他。

对此，张英还写道：世间有许多类似的事情，这些事情对自己没有任何伤害，但对别人而言却是有好处的。同为鸟类，人们在听到凤凰的名字之时就觉得十分欢喜，一听到猫头鹰的声音却觉得十分厌恶。这是由于凤凰代表的是吉祥和祝福，但是猫头鹰代表的却是灾祸。同为草木，人们看到有毒的草就会主动避开，但是看到人参却视若珍宝。这是由于有毒的草会害人性命，但是人参却对人们有益。然后，他得出结论：如果一个人可以让自己的行为都对人有益，不做伤害他人的事情，那么，人们期盼他就像期盼着凤凰，珍惜他就像珍惜人参。

张英的儿子张廷玉是康熙年间的进士，后来当了保和殿大学士、军机大臣，后又被封为太保。他能够在官场上有如此作为，便得益于他的父辈和祖辈所流传下来的修身致远、宽厚谦恭、清廉克己的家风。

张廷玉是康熙、雍正、乾隆三朝的元老。这三个皇帝在清朝都有所作为，而在这样的明主面前，溜须拍马是不行的。尤其是雍正皇帝，虽然只在位十三年，却一直都勤于政务，崇尚节俭，从不大兴土木，沉迷声色犬马。但即使是如此勤政自律的皇帝，依然会对汉人官员有所提防，唯恐他们颠覆朝政。

伴君如伴虎，作为汉臣的张家一直以来都如履薄冰，低调做人，久而久之，便形成了克己复礼的为官家风。

节俭中济贫，节欲中养生

张英在《聪训斋语》中说：人生福享，都有定数。珍惜福分的人，福常有余；暴殄天物的人，福常不足。所以提倡以节俭为宝。节俭不仅仅体现在财物用度方面，还体现在生活的方方面面，只有认识到这一点，才能给自己留有余地。他说：在饮食上节俭，可以使脾气得以休养；在嗜好欲望上不放纵，可以使精神凝聚；在言语上对自己加以约束，可以涵养气度，休止是非；在交际游玩上对自己加以约束，可以更好地选择朋友并且少犯错误；在应酬上对自己加以约束，可以使身体休养生息，减少疲劳；在熬夜枯坐上对自己加以约束，可以使得身体舒畅、精神安宁；如果在饮酒上不放纵自己，可以使人清正内心、涵养德行；如果在思考担忧上对自己加以约束，可以去除烦恼和忧愁。在他看来，凡事节省一分，自我约束一分，就能够得到一分的好处。

张英的一生从未铺张浪费，他一直都过着节俭的日子。张英每顿饭只吃八分饱，而且每顿饭最多两荤两素。在张英看来，一桌酒席就要花费几十两银子，完全就是为了讲排场、摆阔气，这种行为百害而无一利，是不值得提倡的。因此，张英几乎不会应邀赴宴，更不会轻易宴请别人。当时，京城流行看戏，看官甚至一掷千金，而张英对此则毫无兴趣。他曾数次提到，与其把钱财花费在请客和看戏之上，不如省下来接济那些贫困的人。

和有些朝中官员不同，张英对于过生日丝毫不讲究。在他60岁大寿那一年，张英的夫人想好好操办一下。她想专门请一个有名的戏班子来府里唱一场堂会，并且设宴款待前来给张英贺寿的亲戚朋友们。张英知道这件事以后，坚决不同意，因为设宴一次就要花费数十两银子。他劝说夫人不如把这笔费用做成100件棉衣棉裤，然后将它们施舍给大街上那些缺衣少粮、挨饿受冻的穷人们。夫人按照张英的话做了。当这些棉衣裤送给那些饥寒交迫的人时，看到他们脸上欣喜的表情，张英觉得很有意义。

张英告老还乡之后，依然坚持不穿缎子，因为缎子不能洗也不能染，价格还是湖州丝绸和绉绸的六七倍，上品更是要三四钱一尺，都赶上一匹布的价格了。虽然用缎子做成的衣服华丽好看，可是一旦沾染了尘土污渍，颜色就会发生变化，无法长久穿着。他说：我一向性情疏忽，衣服也不是那么齐整，最不喜欢华丽的衣裳。他就冬天穿羊羔皮做的大衣，夏天穿细葛做的衣衫，那些珍贵的皮毛和精细的缎子统统不用，不让这些奢侈的外物妨碍他的心性。

当时，一些上了年纪的人为了让自己身体健康，每天都服用一两钱人参。而张英却说：想想我家乡的米价，买一石也不过四钱，每天服用人参的量，相当于一两石米，这就等于一个人花费了可以养活一百多个人的财物，还有什么比这更狠心、更奢侈吗？在张英看来，人参作为一种药物，原本是用来治病的，只有到了万不得已的时候才适合食用，怎么能天天吃呢？且不说财力不允许，就算是财力允许，那也是一件不应当去做的事情。

张英在饮食方面也是尽力节省。他仿照名人陆梭山，将一年的日常开支分为十二股，每月使用一股。等到月末，看看这一月剩余的钱有多少，然后将这些钱单独放在一个地方存起来。如果发现有哪家遇到了急事需要用钱或者是生活十分贫困，张英就会将他每月省下的钱财拿出来接济他们。张英表示，如果每天都做一两件有益于他人的事情，那么从中得到的乐趣比每天享用丰盛美味的食物还要多。

张英一生勤于政务、为官清廉，就连皇帝给的赏赐，他都拿出来接济穷人，或者是修桥铺路。

张英在饮食用度方面虽然节俭，却十分注意养生。他认为，人的五脏六腑，只有经常保持舒畅，才能使人体内的元气正常运行，从而远离疾病。因此几十年来他一直都坚持煮饭要软，肉类要清炖，蔬菜和汤类要清淡且食材新鲜，吃饭只吃八分饱，饭后再喝一杯六安产的苦茶。如果过于疲劳或者饥饿，就先喝一杯香醇味厚的酒来开胃。

张英对烧烤煎炸之物往往敬而远之,他认为,这些东西吃起来虽然美味,但是却不利于消化,油腻之物在腹中容易积滞,长此以往会引起腹痛气寒,每逢冬季、夏季稍不注意就会得病。他说,宴席上基本都会同时摆放水陆所产的食物,这两者性味悬殊,如果吃得太杂,很容易损伤脾胃,所以最好只吃其中一两种。

张英说过"不觅仙方觅睡方"之语,在他看来,人生最快乐的事情就是睡觉。他认为,睡前要放松心情：白天办理公事忙了一天,每天晚上回到家里,一定要找一些搞笑有趣的事情跟人讲一讲,谈笑一番,以释放一天积累下来的烦恼和郁闷。他还认为,冬夜以二鼓为度,暑月以一更为度,因为这个时辰"天地清旭之气,最爽神,失之甚为可惜"。张英曾在山中居住,夏季每当太阳升起他就起床,漫步在山间小路,闻着青草露水的芬芳味道,每每都感觉心旷神怡。午饭后,点上根线香,放下帐子小憩片刻,睡好了起来更加觉得神清气爽。

张英常说："人常和悦,则心气冲而五脏安,昔人所谓养欢喜神。"就是说如果人常常和乐喜悦,待人和蔼,那么这种心气便会使得人的五脏六腑更加健康。

张英还对唐代诗人白居易十分仰慕。白居易晚年淡泊名利,不管是升迁还是贬黜、留京还是外放,一直都心平气和,处之泰然,并竭尽所能地为天下百姓谋福祉,就此留名后世。张英之所以为自己取号"乐圃",也是由于白居易号"乐天"的缘故。而且张英还认为白居易能够潇洒走过七十五个春秋,也与"乐天"二字有关——一个平和乐观之人,是能够建康长寿的。

才能过人张廷玉,配享太庙耀祖先

历史上少有权倾朝野的名臣能得善终,这也说明了帝王与权臣之间的紧张关系,正所谓"伴君如伴虎"。而张英的儿子张廷玉能在这样一个风云诡谲的官场之中一路晋升到位极人臣的大学士,的确有其过人之处。

张英为官数十年,其子张廷玉在父亲的言传身教下家教良好,谈吐不凡,才华过人。张廷玉中了进士入朝为官之后,康熙皇帝在一个偶然的机会见到了张廷玉,觉得他言谈举止十分稳重得体、不卑不亢,并且为人落落大方,这些使得康熙皇帝对他的印象非常好,于是便让张廷玉入职南书房,常常侍奉在康熙皇帝左右,不仅随时要同皇帝谈论经史诗词,在皇帝外出的时候还要跟随前往,常常替皇帝拟定诏令圣旨。张廷玉在康熙皇帝身边伴驾12年,凭着自身过硬的本事,加上康熙皇帝对他的欣赏,一路升到了礼部侍郎。

康熙皇帝去世后,雍正皇帝登基。雍正皇帝也十分欣赏张廷玉,与之一见如故,还说张廷玉"气度端凝,应对明晰"。康熙皇帝去世半个月后,雍正皇帝就破格提拔张廷玉为礼部尚书。

张廷玉有着非凡的才能，他才思敏捷，记忆力超群，能够根据皇帝的叙述在短时间内整理出相关草案。当时雍正皇帝刚刚继位，一边是康熙皇帝的丧事，一边是虎视眈眈的权臣，两件事情都要处理，雍正皇帝忙得有些焦头烂额，基本上一天就要发出十几道圣旨。每次有圣旨要发布的时候，雍正皇帝都是"口授大意，（张廷玉）或于御前伏地以书，或隔帘授几，稿就即呈御览。每日不下十数次，皆称旨"。雍正皇帝在口述的时候，有时候比较凌乱，没什么条理，而张廷玉在短时间内皆可将其变成逻辑缜密的公文，从来没有出过任何差错。

张廷玉为官勤勉，尽心尽力。每天晚上处理完当天的公务之后，还要点上蜡烛处理一些次日的公务，一直到二更天才会上床休息。有的时候已经躺在床上了，也会继续思考之前拟好的文书，一旦考虑到有任何不周全的地方，就会立马披衣起床修改。而且张廷玉精通满语，他的满语水平甚至比大部分满族人还高。因为朝中的机密文件都是使用满文记载的，这也是张廷玉能够进入到朝廷核心班子的重要原因。

除此之外，张廷玉还有惊人的记忆力。京中百余名官员的姓名、出身还有经历他都可以信手拈来，甚至全国各地大大小小的官员姓名，他也都能随口回答出来，从来没有出现过错误。

张廷玉这样的办事能力，让雍正皇帝赞不绝口，他说张廷玉一天之内所办的事情，别人十天也完成不了。也因此，雍正皇帝一天都离不开他，每天都把张廷玉宣进宫里，事情不管大小，都要跟张廷玉商量。因为雍正皇帝的欣赏，张廷玉的仕途之路十分顺利。清雍正元年（1723年），张廷玉晋升为文渊阁大学士，户部尚书。清雍正六年（1728年），张廷玉晋保和殿大学士，不久之后兼任吏部尚书。清雍正七年（1729年），雍正皇帝设立军机处，张廷玉担任军机处首席军机大臣。此时的张廷玉不仅仅掌握着军机大事，还要兼顾吏部和户部——吏部掌管人事，户部掌管钱财，真正到了一人之下万人之上的地位。可想而知，每天张廷玉经手的大事会有多少，而这也是充满风险的。但是他却一直都把"勤慎供职"的家训牢记心中，没有出过任何差错。

雍正皇帝用人极其严苛，脾气也不怎么好。纵观整个雍正王朝，始终受宠的也就仅仅张廷玉一人。雍正皇帝身体不舒服的时候，只要有密旨，也都是交给张廷玉去办。后来，雍正皇帝回忆时感慨道："彼时在朝臣中只此一人。"清雍正五年（1727年）五月，张廷玉身体抱恙，告假养病。过了几天，雍正跟身边的太监说：朕这几天手臂疼痛。太监们大惊，忙问：皇上这是怎么了？怎么不宣太医瞧瞧呢？雍正回答道：大学士张廷玉病了，他是朕的左膀右臂，可不就是朕的胳膊疼了吗？这也足见张廷玉在雍正皇帝心中的地位。

清雍正十一年（1733年），张廷玉请假回老家桐城探亲，京城距离桐城很远，这一来一去就得好几个月。张廷玉离开京城的时间太久，雍正皇帝十分想念他，就在他的奏折上批复了这样一段话："朕继位十一年来，在廷近内大臣，一日不曾相离者，惟卿一人，义固君臣，情同契友。今相隔月馀，未免每每思念，然于本分说话又何尝暂离寸步也。"这句话大概的意思就是说：朕在位这十一年来，身边的大臣，只有你一个人一天都没有离开过我，咱们俩名义上是君臣，实际上就像是结拜兄弟，咱们一个多月没见到了，朕每天都十分想念你啊！

雍正皇帝去世的时候，张廷玉更是得到了一个清朝汉族官员从未有过的殊荣——身后配享太庙，也就是说，在张廷玉去世之后，他的牌位会被供奉到太庙去跟雍正皇帝做伴。他带给张家的荣耀早已经远远超过了他的父亲张英。

张廷玉的为官之道：树大注意避风

张英在《聪训斋语》中说过：崇高的地位，是指责的对象，是妒忌的大门，是怨恨的府邸，是利害的关口，是忧患的洞穴，是劳苦的源头，是诽谤的目标，是打击的场所，自古以来有智慧的人都对它望而却步。他认为，与荣耀相伴而生的就是耻辱，有所获得的同时，也会有所失去，有进步就会有退却，有亲厚也会有疏远。一个人只想要得到优厚的收获，却容不下一丝一毫的失去，这是不可能的。一个人想要身处高位，就要平淡冷静地对待那些外界的批评与猜忌。

张英一生"缜密恪勤"，深得康熙皇帝的信任和重用，曾经担任过太子胤礽的老师，后来更是被提拔为一朝"宰辅"，其政治才能之高着实令人赞叹。为了让张廷玉仕途平顺，张英言传身教，传授给他为官之道，所以张廷玉刚刚在朝堂上崭露头角，就以落落大方、才思敏捷的风采吸引了康熙皇帝的注意。

作为张英的儿子，张廷玉已经有了常人无法企及的优越。张英曾经教导他，人生最重要的事，就是安分。张英说：所谓"分"，就是指我从上天那里得到的东西；"安分"就是安心拿起应得的，不要觊觎不属于自己的东西。他认为世间没有两全其美的事情，在一个方面匮乏，在另一个方面就会丰裕。

在父亲的教导之下，张廷玉深谙为臣之道，也懂得明哲保身之术。张廷玉每日回家，有两件事一定会做：一是回顾自己这一天所说的话与所做的事，有没有什么出错的地方，如果有，那就想好对策，第二天去补救；二是把带回来的草稿文书烧掉，避开"文字狱"的风口浪尖。而且为了不落人口实，引起皇帝猜忌，张廷玉从来不与外省官员通信。

张廷玉辅佐了雍正皇帝13年，朝廷中几乎所有的重大决策他都有参与。可是翻遍史书，也找不到张廷玉办过某些大事的记载，有的只是几件微不足道的小事，例如建议表彰那些守节15年的妇女。那些历史大事的所有功劳都在雍正皇帝身上，张廷玉却从来不提及自己，甚至一些被提拔的官员都不知道自己其实是被张廷玉提拔上来的。

对此，张廷玉的学生汪由敦说过，张廷玉主掌枢府24年，只要涉及军国大事，就会奉旨跟皇上进行商讨，常常跟皇帝促膝密谈，但是他所提出的意见，其他人却说不出来有哪一件可以归到他的名下，他为国家操劳了一辈子，却连一些明显的记载都没有。他还说："雍正以来数十年间，吏治肃清，人民安乐……张氏从容坐而论道，享极盛之世……"那么张氏的缜密周详，略可想见也。

这些话从侧面说明，在雍正皇帝的政绩中，张廷玉的功劳不胜枚举，只不过他从来不自己提起罢了，从中也能看出张廷玉的缜密周详。从康熙皇帝到雍正皇帝再到乾隆皇帝,三代君王都对他这一点十分赞赏,乾隆皇帝还对此说道:"不茹还不吐,既哲亦既明。"也只有像张廷玉这样既有真才实学又谨慎周密的人才,才能让这些君王放心地任用。

张廷玉不仅能让皇帝信任,也能得到百官敬重,同僚们皆称他气质平和、淡泊旷达。张廷玉在为官期间从来都不参与党派之争,也不会轻易为他人说话或者介入朝臣纠纷。张廷玉认为,人每说一句话、每做一件事都应遵循不损害他人的原则,这样不仅仅是在积德,也是在成就自己的福气。

张廷玉深知帝王所防范的就是大臣的私心,因此不管他与皇帝商议任何问题,都是从皇帝的角度出发,从来都不会掺杂私心。张廷玉说过:如果有人求我办我所办不到的事情,我一定会直接指出这件事办不了而回绝对方,哪怕对方会不高兴甚至愤怒。在他看来,早早切断对方不切实际的想法也是功德一件。但是如果心里犹犹豫豫,说话含糊不清、模棱两可,让对方因此对那些不切实际的事情生出了觊觎之心,或者因此而获罪的话,那就是我的罪过了。有一次,他做主考官,有朋友想走后门,就小心翼翼地试探他,张廷玉对此写了首诗来回应:"帘前月色明如昼,莫作人间暮夜看。"表示自己是明月,劝旁人不要把自己看成黑夜。后来这首诗传出去了,他廉洁克己的形象更加深入人心。

对于这样的张廷玉,皇帝必然不会让他受委屈。雍正曾经多次对他予以赏赐,动辄就赐上万银两,甚至还赐过一家当铺给他，让他以此来贴补家用。因为他从来不主动谋取私利，雍正皇帝常常照拂他的家人。然而，皇帝对他施恩越多，他也就越谦逊退让。在张廷玉看来，为官的第一要务就是一个"廉"字，而培养廉洁的方法就是学会忍耐。他认为一个人如果可以拼命忍耐，不去接受那些自己不应得的财物，那么这个人在为官这条道路上就已经领悟过半了。

张廷玉的身上还有着十分鲜明的特点，就是"柔"和"顺"。他对于历朝历代大臣们惹祸上身的原因深有研究，在他看来，性格过于刚直、做事太过讲究原则，以致不顾及帝王的想法，甚至以社会正义去挑战皇权的行为都是作为一个臣子的大忌。为人臣子应该从帝王的角度去思考问题，决不可因为政治思路的差异同帝王发生冲突。行事要有度，知进退，切不可沽名钓誉，图谋虚名，即使位极人臣也要如履薄冰，时时提醒自己。而张廷玉在几十年的政治生涯中，也一直都是这样做的。

桐花万里，雏凤清声

清雍正十一年（1733年），张廷玉的儿子张若霭参加科举考试。他与父亲同月同日生，自幼聪慧过人，却从不骄傲自满，为人谦逊温和，张廷玉十分喜爱这个儿子。

张若霭凭借过人的才华，从乡试、会试，一路过关斩将进入殿试。殿试是由主考官审阅考生的试卷，然后密封好呈送给皇帝，由皇帝审阅定夺。当时有个考生的试卷中写道："僚采之际，善则相劝，过则相规，无诈无虞，必诚必信，则同官一体也，内外亦一体也，广而至于百司庶职，何莫非臂指手足。"雍正皇帝认为此考生遣词用句"极为恳挚，颇得古大臣之风"，于是钦点为一甲探花。等拆了封条，才知此考生是张廷玉的儿子张若霭，于是雍正皇帝特意命人告知张廷玉这一好消息。

张廷玉收到这个消息之后，为儿子的优秀感到喜悦和欣慰，可是随即他便发现了许多不妥之处。张家如今已经是极尽荣宠，更需要明哲保身，此时谦逊退让才是上策。何况儿子是有真才实学的，即使排名稍后，日后也不愁发展。思忖片刻，张廷玉随即觐见皇帝，请求雍正皇帝将张若霭的探花名次让出。

雍正皇帝听完张廷玉的话，虽然深感张廷玉谦让大度，却仍然不以为然。科举考试选拔人才的程序有着严格的规章和程序，名次也不是想让就能让的。于是雍正皇帝说道：朕秉公选才，你儿子能中探花，并不是因为朕知道这是你的儿子而有意提拔。

但是张廷玉再三恳求：普天之下人才众多，但是殿试三年才有一次，天下众多文人才子都希望登上皇榜。如今臣已经身居高位，若是臣的儿子再占据一甲的名额，臣实在是于心难安！他恳请皇帝将张若霭的名次降为二甲。

雍正皇帝还是不同意：你们张家一直都尽忠职守，积善厚德，家里有这样优秀的子弟能够高中一甲，天下人都是服气的，这个名次当之无愧。张廷玉见雍正皇帝还是不同意更改名次，于是更加恳切地说：皇上至公！但是臣和臣的家庭已经倍受皇恩，求皇上可怜臣的一片真心，臣希望将这一甲的荣誉让给这天下的寒士。如果皇上的恩情和臣祖上的荫德能够保佑臣，给我的儿子留一些福分，以此作为他将来勤奋上进、报效朝廷的资本，当更为美事。

面对"情词恳切之至"的张廷玉，雍正皇帝终于勉强同意了张廷玉的请求，将张若霭从一甲第三名改为二甲第一名。这次殿试结果公布以后，雍正皇帝专门发了一道谕旨，来表彰张廷玉代子谦让的美德和张家的公忠体国。这件事对张若霭的影响很大，是父亲用行动向他解释了张家"谦退"这一家训的含义，因此，他将父亲的教导和行为做法牢牢记在了心里。

按照当时的惯例，成绩公布后，高中一甲的三人会被马上授予官职，大多是翰林院修撰或是编修。而二甲则需先任庶吉士，进入翰林院学习，等两三年之后，成绩优异者才会被留任翰林院，其余人员则会被派往六部，或是成为各地方官员。但是，张廷玉的儿子张若霭直接被授予编修的职位。

清乾隆十年（1745年），皇帝要求大臣们进行自我评价，对于那些认为自己能力不足的大臣，让他们举贤代任。当时任光禄寺卿的张若霭立刻上书给乾隆皇帝，对于自己33岁就做到了从三品的官位深感不妥，表示自己资历尚浅，于是举荐了太少仆寺少卿陈其凝来取代他，他认为陈其凝做事缜密、干练，为人谦和、朴实。不过，乾隆皇帝没有换掉他，而是对张若霭这种低调谦逊的为人十分欣赏，还常常传召张若霭与他的父亲张廷玉一同进宫赴宴。

康熙年间，张英与张廷玉父子俩奉旨同去畅春园赴宴，一同被康熙皇帝赏赐了美食佳肴和御笔书扇，这件事在当时被传为美谈。为纪念此事，张英还写了长诗，张廷玉也在自己的年谱上记下了一笔。可是没想到，四十多年后，乾隆王朝再度出现了张家父子一同赴皇家宴会的情形。这其中，最重要的一次，是清乾隆十一年（1746年）的一次宴会。

这一次的赐宴是乾隆皇帝效仿康熙皇帝当年的做法而设立的，其目的是为了慰劳臣子们。大臣们心里都十分清楚，这次宴会无论从级别上还是从规模上，都是以往的宴席所无法比拟的。在宴席上，乾隆皇帝亲自作了四首七言律诗，并且指名让张廷玉和诗。乾隆皇帝当时所作的第二首诗里有一句是这样写的:"三世方明陪宴赏,从教佳话冠螭头。"下面还有注释写道:"大学士张廷玉之父,曾侍皇祖西苑宴赏,今与其子若霭共陪此会,亦盛事也。"可见乾隆皇帝也记得当年张英、张廷玉父子同席的事,并以此为盛事佳话。

在张若霭之后,张家还有三代进入翰林院为官。而张家的家风和家训也一直传承在子孙后代之中,谱写了一代又一代的传奇。

第十章 曾国藩家训：内外兼修，立人达人

作为晚清名臣,曾国藩的名望一直流传至今。曾国藩为什么能够如此出众?他的后代子孙为何也是同辈人中的佼佼者呢?这与曾国藩的家族家训和家风是分不开的。

曾国藩在教导子孙方面可以说是非常成功的,无论他的儿子还是已经出嫁的女儿,都将曾家的家训家风牢记于心,不敢有丝毫怠慢。曾国藩为官非常忙碌,并没有多少时间来教育子女,但是他却从来没有放松过对儿女的教导。既然为官忙碌不能耳提面命,他就通过一封封的家书将自己的教诲传递给儿女,这其中包含了他做人、为官、处事的方法和观念,例如"不可一日不读书",曾国藩用一生做到了这一条,即便他的一只眼睛在晚年失明了,也依旧坚持每日看书,令人赞叹。

百折不挠，宠辱不惊，取舍有致

曾国藩曾说过："故男儿自立，必须有倔强之气。"这股倔强之气一直萦绕在曾国藩身上，在与太平天国交战的12年中，他不畏惧失败，百折不挠，每次都从失败中找寻经验，有了经验后便"站起来"继续战斗。

在这场历时长达12年的战争岁月中，曾国藩与自己组建的湘军一起成长，从缺乏临阵指挥的军事经验、不敢面对失败，甚至欲以自杀来寻求解脱的一介书生，到明知失败仍能临危不乱、宁肯丢掉性命也绝不屈服的伟大将领，曾国藩完成了思想与品行上的蜕变，凭着坚韧不拔和不屈不挠的精神跨过了困难处境，取得了最后的胜利。曾国藩在与太平军交战的12年里，失败的时候也曾遭到周围官员的嘲讽和朝廷的责难，这些压力让曾国藩困苦不堪，但他没有被击垮，反而化压力为动力，磨砺出了不屈的坚韧品格。

战争之初，曾国藩刚刚将湘军组建完，就带着书生意气与太平天国将领林绍璋在湘潭正式交锋，这是曾国藩的湘军在历史舞台上第一次出场，虽然曾国藩的主力部队在湘潭之战中大获全胜,但在该战之前因曾国藩听说太平军在靖港兵力薄弱,便带人攻打靖港,却因战斗经验不足而败下阵来。这是曾国藩第一次与太平天国正面交战,战争的失败使得曾国藩羞愤异常,他投水自尽却为属下所救,之后沉沦多时。之后,湘潭大胜,曾国藩的心情才得以回转。这是湘军建立之初,在军事上初出茅庐的曾国藩还没有那种泰山崩于前而面不改色的气度,但是随着战争的持续,湘军的成长,曾国藩也随之成长为悍不畏死、百折不挠的军人。

清咸丰五年(1855年)曾国藩在江西湖口再度与太平军短兵相接,这次他又遇到了劲敌,以失败告终。当时的太平天国正如日中天,太平军的诸多将领都具有非常杰出的军事才能,同时在长江的江面和两岸修建了用来抵御清兵的防御工事,此次湘军孤军深入,没有办法得到陆上军队的驰援,明显处于劣势。之后,湘军的百余艘战船更是被太平军烧成了灰烬,就连曾国藩本人的帅船亦没能幸免于难,湘军伤亡惨重。曾国藩再度跳入江中,不过这次不再是羞愤自杀,而是宁死也不做俘虏——他已经具备了毫不畏死的军人气节。曾国藩遭此惨败,再没有像靖港之役那样意志消沉,反而更加斗志昂扬,积极准备东山再起。

在之后的战争岁月中,曾国藩一次次地从战败中站起来,又一次次地与太平军决一死战。他从一个百无一用的书生,成长为清朝战功赫赫的将领,带领湘军攻破了太平天国都城的城门,结束了这场耗时十几载、席卷大半个中国的战争。

曾国藩成功围剿太平天国,攻下南京城,此种不世之功足以封侯拜相，甚至于改朝换代黄袍加身都是可能，但是曾国藩却没有那么做，而是选择急流勇退，带着他早已经身居高位的弟弟回归家园，离开了朝堂。曾国藩在这份功绩面前没有迷失自我，反而非常清醒地认识到，自己此时已经功高盖主，朝廷在面对共同敌人的时候，通常会君臣齐心一致对外，但现在外部不安定因素已经被除去，"狡兔死，走狗烹"的戏码很可能会上演。曾国藩明白"月满则亏，水满则溢"的道理，他曾经无数次地对家人说要"求缺惜福"，世间事有舍才有得，做到取舍有致才能求取平衡。因此，他没有选择所谓"更上一层楼"，将自己以及家族置于危险的境地，而是选择退居故乡，既保全了自己，也保全了身边的亲朋故旧。

曾国藩曾引谚曰："好汉打脱牙，和血吞。"战争中他从未放弃，战败后都会从头再来，磨砺出百折而不屈的倔强之气。曾国藩很有大局观，明白"古之成大事者，规模远大与综观密微，二者缺一不可"，因此才能在功成名就后甘于平凡。他懂得花未全开、月未全满的时刻才是最美好的，所以曾国藩在面对高官厚禄时才会宠辱不惊，果断取舍，不因小失大，得以保全家族繁荣。

败人两字，非傲即惰

曾国藩年轻时也有不少毛病缺点。但难能可贵的是，曾国藩敢于面对这些缺点，并积极努力改正。后来他拜唐鉴为师，得到老师唐鉴的一字"静"法，并练成了静功（一种以静止姿势配合意念与呼吸方式的养性活动），逐渐改正了自己的缺点，并在面对人生困顿的时候，产生了新的领悟，总结出天下最"败人"的两个字是"傲"与"惰"。这种思想也成为曾国藩家训中非常重要的一部分。

曾国藩曾言："败人两字，非傲即惰。"这句话虽然很短，却非常精辟，道出了多数世人之所以不成功的根源。曾国藩更是在治军过程中引申出了这两个字的意义，他认为天下人多数平庸，他们之所以失败而一生碌碌无为，究其原因不过是一个"惰"字；而天下人中那些曾经很有才华的人，特别是曾经在一定领域绽放光彩的天才，最后黯然失色，再度沦为平庸之人的原因则是一个"傲"字。

曾国藩年少时在父亲的私塾读书，那时的他还是一个娇生惯养的小少爷，他喜欢睡懒觉，再加上距离优势，使得他更加肆无忌惮。有一日，曾国藩没有按时入学，确切地说，他睡过头了，于是入学迟到了。父亲曾麟书颇为严格，他把曾国藩痛骂了一顿并处罚了他，曾国藩自此之后便下定决心要改掉睡懒觉的坏习惯。认识到错误的曾国藩还领悟到了一个道理，他认为如果想要成为一个不凡的人就要珍惜每一段时间，睡懒觉的时间也许少了，但每日的时间叠加就会产生规模效应，这个时间可以用来看书，学习到更多知识，可以让自己从一个普通人跨越成为成功之人，因此不能让懒惰毁掉自己的人生。

曾国藩所处的时代，社会动荡不安，各地起义不断。曾国藩认为天下已然如此，如果人心也乱了，这个国家又该何去何从呢？天下需要人的引导，而要引导天下就要做一位君子，君子最重要的德行是"诚"。曾国藩不仅要诚，还要"血诚"，给天下人、给仁人君子做个示范。而为了做到"诚"，人最先应防范的便是"傲"和"惰"。

曾国藩认为，人的惰不是无所事事，而是每天在做无聊的事情，浪费诸多光阴。为了克服这个"惰"字，曾国藩以"勤"字敦促自己，坚信勤能补拙，并以此教育自己的子女，不能懒惰，要勤勤恳恳地生活、学习。

曾国藩非常推崇"勤"这个字，他认为勤能养生。曾国藩的儿子曾纪弟自幼体弱多病，曾国藩就建议他每日饭后走上千步，并每日自己打扫房间，让自己活动起来，再辅之以药物治疗，曾纪弟的身体也就逐渐康健了。勤还能养品，勤劳本来就是一个优良品德，长期坚持还可能产生其他高尚的品行。曾国藩指出，人要身勤、眼勤、心勤、手勤、口勤，品德才能在长期的养成下更加高洁。勤在家庭中可使万事兴，自己勤劳，便能带动家中之人一起勤劳做事，曾国藩及其儿女的衣服鞋帽都是他的妻子带领儿媳妇们亲手裁制的，这能让收到衣服的人感受到家人的关爱，从而促进家族成员的感情。

勤还能使湘军更加团结。训练军队需晨起点兵、操练，曾国藩也会与士兵一同共进早餐，使得将帅与士兵能够同甘共苦、相互信任，在战斗中大家才能够"把彼此的后背交给对方"。这就是"勤"能够带来的诸多好处，也是曾国藩认为能够解决"傲"与"惰"的最佳方法，同时是曾国藩诸多家训中一直都会点到的主旨。

曾国藩认为，当时天下大乱，朝廷风雨飘摇，只有先聚拢人心才能重振中华，便立志将自己树立为勤奋的典范，带领手下人克勤克俭。他以勤治军，以勤治家，更以勤修身，一生的成就都建立在"勤"字之上，既影响了国人，也成就了家族。

不期科举走仕途,不可一日不读书

曾国藩在晚年时曾对儿子曾纪泽说过,自己一生没有什么值得骄傲的事,唯此一件,那就是自己一生从没有一日是不读书的。读书并非难事,但是能够每日不辍,并在读书的过程中做札记,以记录每日读书的所感所想,这便需要足够的毅力了。

苏轼曾云"宁可食无肉,不可居无竹",曾国藩则提出"不可一日不读书",并将其作为家训流传下来。为何曾国藩会说出这样的话?又为何会培养出每日读书做札记的习惯?这要从曾国藩的祖父曾玉屏说起。

曾玉屏年轻的时候是一个不学无术的纨绔子弟,整日游手好闲,但有一日,一位年长者嘲讽他无知,这对曾玉屏产生了很大的触动,而这也成为他人生的转折点,此后他开始发奋图强,并挣下了一份家产。虽然曾家在那时已经是一个小富户,但是曾玉屏不识字,仍无法光耀门楣,所以他就培养儿子及孙子读书考科举,以期能够改换门庭,成为耕读世家。因此,"耕读传家"便成为曾国藩的家训之首,曾国藩在家书中写到"吾不望代代得富贵,但愿代代有秀才。秀才者,读书之种子也,世家之招牌也,礼义之旗帜也",就此形成家学世代流传。

曾国藩能够养成一生读书的习惯,也与他自身的经历分不开。曾国藩虽然在清道光十八年(1838年)高中进士,但是他在此前曾两次落第,在最后一次落第不中后,决定行万里路来增加自己的阅历和见闻,以期在三年后高中。但是作为一个农家子弟,曾国藩并不富裕,更何况他在北京居住已一年半之久,身边本就钱财无多,周游到徐州后更是一穷二白,只能向与曾家交好的世叔易作梅借钱。易作梅借给曾国藩一百两白银,可惜这一百两白银在曾国藩到达南京没两日就花光了,因为他买了一套书——整套《二十三史》,为了这本书,曾国藩典当了衣服,差点没了回家的路费。回到家后,他忐忑地将始末缘由告知父亲,出人意料的是父亲并没有责怪曾国藩,而是高兴地替他还清了债务,只是希望他不要忘记买书的初衷,要仔细研读不可荒废。在之后的两年中曾国藩每日研读《二十三史》,仔细做着札记,最终考中进士,这也是曾国藩最终养成每日读书习惯的助推力量。

曾国藩算得上是一位地道的书痴,他非常勤俭节约,甚至在儿女婚事上都力求节俭,但是在买书上却异常慷慨。曾国藩在带领湘军与太平天国交战时还每日读书,甚至在战争失败后写遗书的时候,依旧带了一本书在身边。晚年的曾国藩左眼已经失明了,却依然坚持看书,这种毅力是常人难以匹敌的。

曾国藩对读书的认识并不是为了科举考试,他曾言:"吾辈读书,只有两事:一者进德之事,讲求乎诚正修齐之道,以图无忝所生；一者修业之事，操习乎记诵词章之术，以图自卫其身。"读书的目的更重要的是树立属于自己的人生观和价值观，树立自己的人生信仰。曾国藩能够名留后世，在荣辱面前不迷失自我，便得益于他的人生信念和信仰。同时，他还认为通过读书才能有一技之长，才能有生活下去的立足之本，而他也是这样教育子孙后代的。

曾国藩的两个儿子曾纪泽和曾纪鸿都表示自己不喜欢科举考试，而曾国藩也鼓励他们从事自己喜欢的事业。曾国藩认为，后代子孙可以不去科举考试，但是不能不读书，所以他鼓励自己的孩子去研究他们喜欢的东西，这在封建王朝中算是比较开明的教育理念。

曾纪泽喜欢西方知识，尤其是英语，曾国藩便支持他在这方面进行研究。当时，学习西学的人还不是很多，曾纪泽就通过自己的努力成为当时社会上少有的了解西方文化的知识分子。而曾纪鸿对数学有浓厚的兴趣，曾国藩就支持他学习数学，并且取得了不菲的成绩，写出了中国第一部数学专著《对数评解》。曾国藩表示读书可以改变一个人的命运，即使不走科举的道路，也会习得一技之长，能够使自己的命转向另一个方向，正如他的两个儿子一般，为了兴趣而读书，从而取得了属于自己的人生辉煌。

在曾国藩的认知中，读书能够养身，《曾国藩家书》中记载："人之气质由于天生，本难改变，惟读书可以改变气质，古之精于相法者，并言读书可以变换骨相。"曾国藩将很多读书的方法写入了家训之中，并表示"以耕读二字为本，乃是长久之计"。

严父训"三节",恩师建自省

曾国藩在清道光十八年(1838年)就高中进士,成为庶吉士,那时的曾国藩还未到而立之年,正是春风得意之时,每日呼朋唤友,三五天便有一次小聚。后来,曾国藩成为京官,便把自己的父亲接入京城享福。但是没过多久,父亲便提出想要返回家乡,曾国藩劝说无果,无奈同意父亲离开。父亲回乡后就写信给曾国藩,向他提出了"节欲、节劳、节饮食"的教导,希望他可以克己复礼、脚踏实地。

看到父亲的书信之后,曾国藩检讨了自己的行为,决定痛改前非,并拜唐鉴、倭仁为师。他听从倭仁的建议,将自己每日所做皆记入日记中,以发现缺点,自省过错,改掉轻浮、浮夸的毛病。曾国藩从清道光十九年(1839年)开始写日记,将自己每日的作为和见闻记录其中,三十多年从未停笔,直到他去世的前一天。曾国藩的日记记录了他的真实世界,让我们了解到了一个真实的曾国藩,也见证了他从一个有很多缺点的普通青年人,成长为一代大儒的人生历程。

倭仁提点曾国藩要有敬畏之心,以内心的信仰去约束自己的言谈举止,做到有所为而有所不为。同时还要慎独,独处的时候也应当谨慎小心,不能因为身边没有其他人而放浪形骸,这就使曾国藩有了改正缺点的目标。为了这个目标,曾国藩每日都会按照倭仁所说的方法书写日记,然后翻看日记查找自己的缺点进行改进。起初两月过去,曾国藩依旧没有多大的进步,他曾在日记中这样记载:"忽忽已过两月,自新之志日以不振,愈昏愈颓,以至不如禽兽,昨夜痛自猛省,以为自今日使当崭然更新,不终小人之归。"没有多少改进的曾国藩心中悲愤不已,在那段时间中,曾国藩总是挣扎在不断发现错误和再度犯错之间,他开始彷徨、无助起来。就在这个时候,他的另一位老师向他提了建议,这个建议是一个可操作性的方法,即一个"静"字,这个字最终帮助曾国藩改正了他身上的种种缺点,使得曾国藩走上了人生巅峰。

曾国藩的日记将他一生的事迹事无巨细地全部记录在内,其中充斥着自我批评和自我反省,呈现出了一个普通青年如何成长为伟大的品德高洁的理学大师的历程,为世人做出了榜样。他在家训中也告诫后人,要慎独,谨言慎行;将老师唐鉴告诫给自己的"静字诀"以及父亲写给自己的"三节"也写入家训,以训诫后代子孙。

何以保家？当以升官发财为耻

晚清时期贪腐成风，"清正廉洁"仿佛不复存在，一众官员还会巧立名目，行苛捐杂税。曾国藩看到这些现象后，就曾在家书中写道：以做官发财为可耻。曾国藩对官员贪污受贿憎恶至极，并以此告诫后代子孙："以宦囊积金遗子孙为可羞可恨，故私心立誓，总不靠做官发财以遗后人。"

曾国藩刚刚当官的时候，看不惯满朝文武中的贪官污吏、中饱私囊之辈，就将自己的气愤都发泄在了奏折上，把看不惯的事情都写下来，然后上奏给皇帝。可惜皇帝并没有因为曾国藩这种忧国忧民的态度而高兴，反而将其行为当成了曾国藩怀揣私心，排除异己，于是便要严加惩处曾国藩，多亏曾国藩的同年好友竭力求情，皇上才收回成命。经此一事，曾国藩看清了清王朝的腐朽面貌，感叹之余却又无能为力。

不过，即使朝臣贪污受贿成风，曾国藩也誓不同流合污，但他没有固执到与整个朝廷格格不入，而是形成了自己的处事风格。曾国藩刚入朝为官的时候非常清贫，因为朝廷的俸禄并不高，许多官员们就自己想方设法增加来钱的途径，这些方式成为朝廷各级官吏的潜规则，即使皇帝知晓，对此也是睁一只眼闭一只眼。可是曾国藩偏偏不走寻常路，他不接受这样的规则，不肯去走那些"歪门邪道"。但是微薄的俸禄又支撑不起偌大的家庭，曾国藩只能四处借债，以致债台高筑。

曾国藩的日常生活很是简朴，除了先辈留下来的祖宅祖地，他从没买过一栋房产、一块土地，身上的衣服都是妻子亲手缝制的，吃饭也都是简单的粗茶淡饭。同时，他对后代子孙的要求很严格，训诫他们不能靠做官来发财，在衣食住行上也制定了非常严格的标准，就算是婚嫁大事也都一切从简。

曾国藩临终前对儿女说，自己的丧事不用大办，也不要收别人的礼金。曾纪泽从小接受父亲的教导，谨守清廉持家的家风，在二叔曾国荃提出要大办丧礼的时候，曾纪泽直接拒绝了，谨遵父亲的遗训。

曾纪泽结婚时，曾国藩身在与太平天国交战的战场上，但他没有忘记给儿子寄去一封家书，让曾纪泽把家训一一教导给新进门的儿媳妇，让儿媳妇也要谨遵家族的家训。

曾纪泽是晚清著名的外交家，他曾经作为外交官代表清朝出使欧洲各国。曾纪泽没有迷失在国外的纸醉金迷中，而是牢记家族的家训，依旧过着简朴的生活。他利用在国外的机会观察、学习科学技术，并凭借着这份勤学精神，著成了很多关于外国知识的书籍。曾纪泽不只自己俭省，也为国家节省开支。他出使英国的时候，需租住房屋，他没有直接租在伦敦最豪华的地段，而是先考察了伦敦的实际情况，计算出最合理的花费数额，他发现一次付清租金会得到很大的优惠，也比其他支付的方法要便宜，于是便采用这种方式租到了房屋。

租到屋子以后，接下来就该买些日常家具，曾纪泽对这方面也有自己的要求——实用且便宜。虽然外出用的是朝廷的公费，但是曾纪泽谨遵曾国藩留下的家训，他还在使馆门前贴了对联，其中有一句是"慎勿忘先子俭以养廉之训"，以提醒自己在异国他乡也不要忘记先辈的训诫。

曾国藩还有一个女儿，名叫曾纪芬，她的一生非常富贵，但她从没有忘记父亲对自己的教诲，生活非常节俭，从小穿的都是姐姐的衣服，几乎没有穿过新衣。曾纪芬出嫁时，曾国藩给她的嫁妆也很少，但曾家的家训不能缺少。她一生都遵循父亲的教诲，就算她的丈夫官居巡抚，儿子成了商界巨子，她也没有改变简朴本色，从没有违背父亲清廉、简朴的家训。

立志先立人，立人先立学，立学先修身

人若要实现大志，必先修身养性，在这一点上，曾国藩是很好的榜样。他曾被人们称为中国历史上"最后一个理学大师"，是晚清一代"儒学藩镇"。无论这些称谓是否合适，曾国藩都是向着这个方向努力的。

曾国藩在长沙岳麓书院学习期间就接触了儒学。后来点翰林入院读庶吉士，满腔热情的他给家人写信，说自己要成为诸葛亮、陈平那样的"布衣之相"，学问方面要不断向孔孟等人学习，争取做孔孟那样的大儒。他写给弟弟的信中也体现了这一点："君子之立志也，有民胞物与之量，有内圣外王之业，而后不忝于父母之所生，不愧为天地之完人。"他还把"不为圣贤，便为禽兽；莫问收获，但问耕耘"作为他人生的座右铭，时刻提醒自己。又言："君子当以不为尧舜周公为忧，当以德不修学不讲为忧。""我欲为孔孟，则日夜孜孜，唯孔孟是学，人谁得而御我哉！"

这无疑是曾国藩为自己立下的一个人生大目标——成为一个大儒，成为圣贤之人。有了这个目标之后，曾国藩就开始博

览群书，经、史、诗、文一样不少，昼夜研读名家著作。直到后来，曾国藩受到唐鉴、倭仁等理学家的影响，读书范围不再宽而泛，而是有了一定的选择性，他开始专攻宋明程朱理学，尤其专于朱熹。

唐鉴一生爱惜人才，特别喜欢勤奋好学、聪明机智的人，而曾国藩正具有这些优点，而且唐鉴对于曾国藩谦虚的态度很是满意，于是二人一见如故。唐鉴对曾国藩的人生产生了重要的影响，也让曾国藩在立人、立志、求学等方面都有了新的认识。

有一次，曾国藩向唐鉴请教关于读书、修身方面的妙诀。唐鉴告诉他：读书要以《朱子全集》为根本，但不能把它当作八股进阶之书，应该躬自实行，这是修身的典籍。修身的妙诀在于"整齐严肃""主一无适"，整齐表于外而主一持于内。读书要讲求方法，要"在专一经"，只有一经通后，才能旁及诸经。所谓"学问"，只有义理、考核、文章三门，三者之要在义理统之。唐鉴还说："经济之学，即在义理之内，不必他求。至于用功着力，应该从读史下手。因为历代治迹，典章昭然俱在；取法前贤以治当世，已经足够了。"

唐鉴告诉曾国藩，他一生读《朱子》以修身。修身检讨自己最好的办法就是每天记日记，一定要认真记录，不存在欺骗、隐瞒、作假之事，最丑的事要记下来，最丑的心也要记下来，对着圣贤天天检讨，时间久了自然就达到圣贤的境界了。圣贤就是不自欺、不欺人。听了唐鉴的一席话，曾国藩在当天的日记中写下了："听之，昭然若发蒙也。"

随后，曾国藩写信给家人："我最初治学，不知根本，寻声逐响而已。自从认识了唐镜海（唐鉴字静海，编者注）先生，才从他那里窥见一点学问的门径。"

此后，曾国藩经常到唐鉴住处向他请教学问，与他讨论国事，同时向唐鉴学习朱子理义。唐鉴教导曾国藩立下"日课"：早起、主敬、静坐、读书、写日记、偶谈、做诗文、临帖、专读一经、谨言、保身、夜不出门等十二条规矩。除此之外，曾国藩自己还立下了《立志箴》《居敬箴》《主静箴》《谨言箴》《有恒箴》挂在书房内，时刻提醒并严格要求自己。为了督促曾国藩，唐鉴经常检查曾国藩的日记，有不妥之处马上指出，让曾国藩改正。对于曾国藩敢于揭露自己的隐患之处，唐鉴给予鼓励。另外，唐鉴还把自己所著的《畿辅水利备览》一书交给曾国藩，让他细细阅读，使他知道作为一个儒学家不仅要精通圣典，更要关心民事和经济，决不可只会背圣贤书，不会治理国事，否则就是名副其实的书呆子。从修身到治国，样样精通，这才是儒家"内圣外王"的真谛。

后来，唐鉴向曾国藩介绍了倭仁。曾国藩认识倭仁之后，就向倭仁请教如何修己身的方法，倭仁让曾国藩跟随在自己的身边，通过潜移默化的方式学习修身的方法。曾国藩发现倭仁在生活学习中对自己的要求比唐鉴还严格，自己稍有不好的念头，倭仁就会记下来，然后和自己辩解，哪怕出现一点点不合圣贤的想法，倭仁都会将之消除在萌芽状态，从而让曾国藩的心术、学术、治术归之于一。在倭仁的要求下，曾国藩开始一边读《朱子全集》，一边写日课，一边反省自己。

后来，曾国藩功成名就，常以自己年轻时立志求学的故事教育子女，并在给曾纪泽的书信中写道："立志先立人，立人先立学，立学先修身。"他告诫子女，拥有了远大的志向之后就一定要勤劳修学，以期做一个有道之士。同时他还多次提到向唐鉴、倭仁求学的经历，并以此来激励子女努力修学。